从太空遥望地球，这是一颗蔚蓝色的“水”星，蓝天白云，生机勃勃；如果远离地球，从遥远的距离回望地球，又会发现它只是一颗暗淡的**蓝色圆**点，只是阳光照耀下的一颗浮尘。如何客观地认识人类在地球上的命运，认识地球在宇宙中的处境，有利于我们居安思危，未雨绸缪。有利于我们保持谦卑，敬畏自然。有利于我们发挥想象力，塑造世界观。

——火星叔叔 郑永春

太空地图

火星叔叔带你游太空

郑永春 著

化学工业出版社
·北京·

太空地图

火 星 叔 叔 带 你 游 太 空

图书在版编目(CIP)数据

太空地图：火星叔叔带你游太空 / 郑永春著. —北京：化学工业出版社，2018.7（2025.4 重印）
ISBN 978-7-122-32555-6

Ⅰ. ①太… Ⅱ. ①郑… Ⅲ. ①宇宙-青少年读物 Ⅳ. ①P159-49

中国版本图书馆CIP数据核字（2018）第145828号

责任编辑：龚 娟
责任校对：王素芹
装帧设计：尹琳琳

出版发行：化学工业出版社
（北京市东城区青年湖南街13号 邮政编码100011）
印 装：涿州市般润文化传播有限公司
889mm×1194mm 1/16 印张8½ 字数400千字
2025年4月北京第1版第10次印刷

购书咨询：010-64518888
售后服务：010-64518899
网 址：http://www.cip.com.cn
凡购买本书，如有缺损质量问题，本社销售中心负责调换。

定 价：49.80元

星系群（喻京川 作品）

立足中国，放眼世界，胸怀宇宙

（代序）

地球是人类的摇篮，但人类不可能永远生活在摇篮里。

——火箭先驱齐奥尔科夫斯基

40 年前，在浙江省绍兴市长桥村的晒谷场上，火星叔叔开始蹒跚学步，迈出了他奔向火星的第一步。如今，他要带领一支太空旅行团出发远征，目标是宇宙的尽头。在晴朗的夜空下，眺望壮丽的银河，皎洁的月亮，或明或暗的火星，戴着皇冠的土星，拖着尾巴的彗星，不时飞过的流星……总会让我们浮想联翩。回首过去，我们的祖先曾遥望天空，渴望飞翔；也曾远眺大海，期待远航。走出去，飞起来，在生存需求与探索精神的驱使下，人类发明了飞机与轮船。随着时代的发展，现在人类已经飞出地球，进入向往已久的太空，开始了“深空探测”之旅——发现迄今未知的宇宙运行规则，探索适宜定居的天体，搜寻可利用资源，提升人类能力和福祉，为人类进入宇宙更深处做准备。

时至今日，在浩瀚的宇宙中，除了自然天体，我们还可以观测到“东方红一号”卫星、“天宫二号”空间实验室、国际空间站等人造天体，它们无不让人对呕心沥血的科学家们心生景仰，对先进的航天技术叹为观止。

航天是人类最高技术能力的象征。过去六十多年间，人类已成功登陆月球表面。未来二十年左右，我们还将登陆火星。在火箭的推送下，航天器把各种仪器送到遥远的天体上展开探索，就像把我们的眼睛、耳朵和四肢放到这些星球上，让我们身临其境地去感知，去了解它们的地形地貌、物质成分、表面环境和内部结构。身处地球，心却可以心向太空。

至此，“千里眼”“顺风耳”……这些存在于科幻小说里的“神力”，早已变成了现实。如今，科学家坐在实验室内，便可眼观六路，耳听八方，借助安装在外星球上的仪器，

可以比较地球与其他天体间的差异，分析它们的相似性和独特性，使我们对地球的过去、现在和将来有更为深入的理解。深空探索，看似在探索远离地球的异星，实则是为了更好地了解我们自身。

满天繁星不仅让我们深感好奇，更震撼着我们的心灵。从宇宙中回望地球，我们发现，这颗人类赖以生存的蓝色星球，竟是如此渺小和脆弱，宛如沧海一粟、恒河一沙。小行星撞击、超级太阳风暴、地球磁极倒转……任何重大的天文灾害，都可能让人类文明在弹指间灰飞烟灭。太空探索将改造人类的世界观、人生观和价值观，让我们懂得敬畏自然，保持谦卑，在灾难来临前未雨绸缪，做好准备。

宇宙有边界吗？宇宙之外是什么？这个世界为什么是现在这样，以后又会变成什么样？人类何时才能移民到其他星球？新时代的“天问”，驱使我们怀着对天空和宇宙的好奇心，探索宇宙的奥秘。希望青少年朋友追求心中梦想，亲自动手实践和创造，通过努力学习，成为我国未来的科学家和工程师，设计出新型航天器、月球基地、火星城市……一步步把设想变成现实。

立足中国，放眼世界，胸怀宇宙！本次旅程，我们将全程乘坐载人飞船，从地球出发，途经月球、火星、太阳等多个景点，直至飞出银河系，漫步宇宙尽头。作为一位行星科学家，火星叔叔将作为本次行程的向导，用专业讲解和优秀服务，让大家度过一次终生难忘的旅程！

太空地图

目录

开篇

2018 年，中国，北京。

首都最繁华地段的一栋大楼内，熙熙攘攘的购物中心内，高清、柔性大屏幕上的画面闪烁着。一个小女孩聚精会神地盯着屏幕上的人影，妈妈轻轻地拉她的手，可她却不肯走。一个笑起来有点呆萌、科学家模样的男人，用充满感染力的话音，正在讲述一段极具吸引力的故事。

“去太空旅行？能看到月亮、火星和太阳呢！妈妈，妈妈，我要去！我要去！”

“孩子，没听见火星叔叔说吗？虽然现在科技发达，但太空旅行有风险，而且费用也很高。

“妈妈，我要去嘛！”小女孩开始撒娇。

正说着，两人的眼前出现了一个红色物体——小女孩抬头一看，只见一个圆脸的矮个男人就站在他们面前。他身穿蓝色紧身套装，外挂红色披风，长得有点像蜘蛛侠。

“孩子，想去火星看看吗？”

她有些胆怯地抬起头，耳畔是他那充满磁性的声音。

“想……您是……外星人？”

“我是外星人，不不，我来自火星。我叫火星叔叔，我能带……能带你去火星。来，看看这个吧。”

说完，他递给小女孩一张宣传单。她低头接了过去，再一抬头，“火星人”竟已消失不见了。

“我看看……这是啥？”

妈妈把宣传单抢了过去，只见上面没有华丽的装饰，以火星为背景的画面中，只有几行简单的文字：

一生仅此一次的机会，地球不可见到的风景。

想去太空旅行吗？

火星叔叔带您游太空，一站式服务，让您饱览月亮、火星、太阳等多个景点，甚至冲出太阳系，领略银河系花园，直达宇宙边缘的广袤世界。

年龄不是问题，身高不是问题，费用更不是问题！

快来星际旅行社报名吧！

PS：星际旅行有风险，报名需谨慎。但经过为期两年的训练，您的安全完全能够保证。

咨询电话：010-xxxxxxxx

“喂，是火星叔叔……吗？”

“……”

2020 年夏，中国，海南文昌，中国最大、最现代化的航天发射场。

“火星叔叔，您好。”

“孩子，你好，第一次参加星际旅行，紧张吗？”

“还好啦，还不如我妈紧张。”

“女士，您得平静些，给女儿做个榜样嘛。”

“是，是。”

火星叔叔招呼着最后到来的母女俩。而在他身边，已经聚集了几十个人。他手举写着“星际旅行团”的小旗子，注视着窗外的风景——发射坪上，一枚火箭正等待着按下按钮的瞬间。天空一片湖蓝，偶尔有几朵白云。

控制室内，两位专家正在聊天。

“今天的天气真不错，完全符合发射要求，正是发射火箭的绝佳时机。”一位灰白头发的专家感叹道。

“是啊，这次要去的地方比较远，允许发射的时间窗口只有三天，每天只有半小时，今天是第三天了。”另一位年轻一些的专家仍然有点忐忑。

“谢天谢地，今天要是发射不了的话，这次的旅行团只能取消了。”

“下一次要再飞这样的飞行轨道，只能再等 176 年了。”

“关键是保险公司要赔惨了，这些游客两年训练期间的误工费就是很大的一笔。”

……

“各位，最后的时间到了。大家经过两年的训练，都辛苦了。说是旅行，其实也是检验大家训练成果的时刻。现在，大家跟‘火星叔叔’过来，准备登上飞船了。”

之前还纷纷攘攘的人群，瞬间安静下来，所有人像是意识到什么似的，缓缓跟火星叔叔穿过廊桥。

一路上，紧张写在了每个人的脸上。

……

“一号，我是零号。请报告舱内情况怎么样？”

“零号，我是一号。所有乘客已经就位，舱门已经关闭，密封性检查完成，与地面之间的通信链路畅通。随时可以发射。报告完毕。”

“一号，我是零号。应急流程检验完毕，一旦发射过程出现故障，乘客将整体从逃逸舱弹射出来，安全措施已经做好准备。”

“各号注意，下面开始一分钟准备。”

“十、九、八……”

控制室内，身着白色和蓝色工作服的工作人员站起身，看向发射坪。

“七、六、五、四……”

“忘记告诉我妈了，糖尿病的药吃完以后，可以去社区医院开，不用跑去大医院了。”舱内，一位女乘客小声嘀咕。

“没事的，舅舅应该会告诉她的，”小女孩在一旁安慰她。

“有女儿真好，真是一个贴身的小棉袄。我家那位傻小子，我要走了还开心得要命。”旁边一位中年妇女羡慕地说。

“三、二、一……”

“点火！”

按下按钮的瞬间，火箭的尾部升腾起一团巨大的白雾，那是发射时火焰冲击地面产生的水汽。

白雾散去，橘黄色的火焰十分炫目，火箭越飞越高，越飞越快，巨大的箭体变得越来越小，慢慢缩成一个点，消失在苍穹中。

一路平安。

航星海（喻京川 作品）

眺望（喻京川 作）

第一章
从地球出发

“旅客朋友们，我们乘坐飞船已经离开地球了，接下来你们看到的都是各种奇异场景。现在，火星叔叔先给大家介绍一下地球的概况，大家一定要做好记录，这或许会成为你们留给儿孙的故乡日记。”

1.“母星”地球

地球是人类的家园，是太阳系中从太阳向外的第三颗行星。虽然是老三，却是宇宙中唯一已知有生命存在的星球。

地球的直径约为 12756 千米，是太阳系中的第五大行星。排在木星、土星、天王星和海王星之后。别看它排名第五，但前面四颗星球都是由气体组成的，密度比地球要小得多。在岩石星球中，地球是最大的。

地球长得很结实，它的体重约为 5.98×10^{24} 千克，平均密度为 5520 千克 / 立方米，是太阳系中密度最大的行星。

当我们向前扔石子的时候，不管扔得多远，石子总会落回到地面上——是地球的引力把它拉了回来。但如果石子扔得很快，离开手的速度达到 7.9 千米 / 秒，它就不会再落下来，而是环绕地球飞行。如果石子的速度达到 11.2 千米 / 秒，它就能脱离地球，飞到其他星球上。如果达到 16.7 千米 / 秒，石子就能脱离太阳系飞向其他的恒星。这三种速度分别叫第一宇宙速度、第二宇宙速度、第三宇宙速度。人类发明各种火箭，让其在短时间内消耗大量燃料，目的都很简单——让“石子”，也就是航天器的飞行速度达到这三个“宇宙速度”。

太阳系全貌（喻京川 作品）

“这位同学说，他家离学校的距离正好是 8 千米，那你想想看，如果一眨眼，一秒钟之内你能从家到达学校，你就能飞向太空啦，这是多么神奇呀！”

地球上各个地方有不同的时区，而每个星球也都有自己独特的自转和公转，周期各不相同，记得及时跟飞船上的“宇宙钟”对表哦。

地球上的一天不是 24 小时，而是 23 小时 56 分 4 秒，即 23.93 小时。这个时间叫作“恒星日”，即地球绕南北极的自转轴旋转一圈，地球上的某条经线再次对准天空中某个位置所经历的时间。如果按照太阳两次升起间的时间间隔计算，一天则为 24 小时，这个时间叫“太阳日”。由于月球的“牵制”地球自转的速度越来越慢，地球上的“恒星日”也将越来越长。

地球上的一天不是 24 小时，一年也不是 365 天，而是 365.24 天。这是地球绕太阳公转一周经历的时间。如果按每年 365 天计算的话，每四年就会多出一天，其中一年就有了 366 天，“闰年”就是这样来的。

地球只有一颗卫星——月球。地球和月球的大小，就像西瓜和苹果，月球的直径约为地球的四分之一。虽然个头不大，但对人类而言，月球是永不坠落的天然空间站，也是我们从地球走向深空的中转站。

地球绕太阳运动的轨道不是正圆，而是椭圆。这个椭圆的偏心率为 0.017。“偏心率”用来说明椭圆偏离正圆的程度——正圆的偏心率为零，椭圆的偏心率为 0 ~ 1。偏心率越大，椭圆就越扁。因此，地球虽然不是正圆，但它仍然是很“圆滑”的。

地球到太阳的距离是不断变化的。每年 1 月 2 日左右，地球离太阳最近，日地距离约为 1.471 亿千米，此时地球所处的位置被称为“近日点”；每年 7 月 2 日，地球离太阳最远，日地距离约为 1.526 亿千米，此时地球所处的位置被称为“远日点”。平均而言，地球到太阳的距离约为 1.496 亿千米，这段距离长度又叫一个“天文单位”（AU）。

地球上之所以有四季变化，是因为它的自转轴是

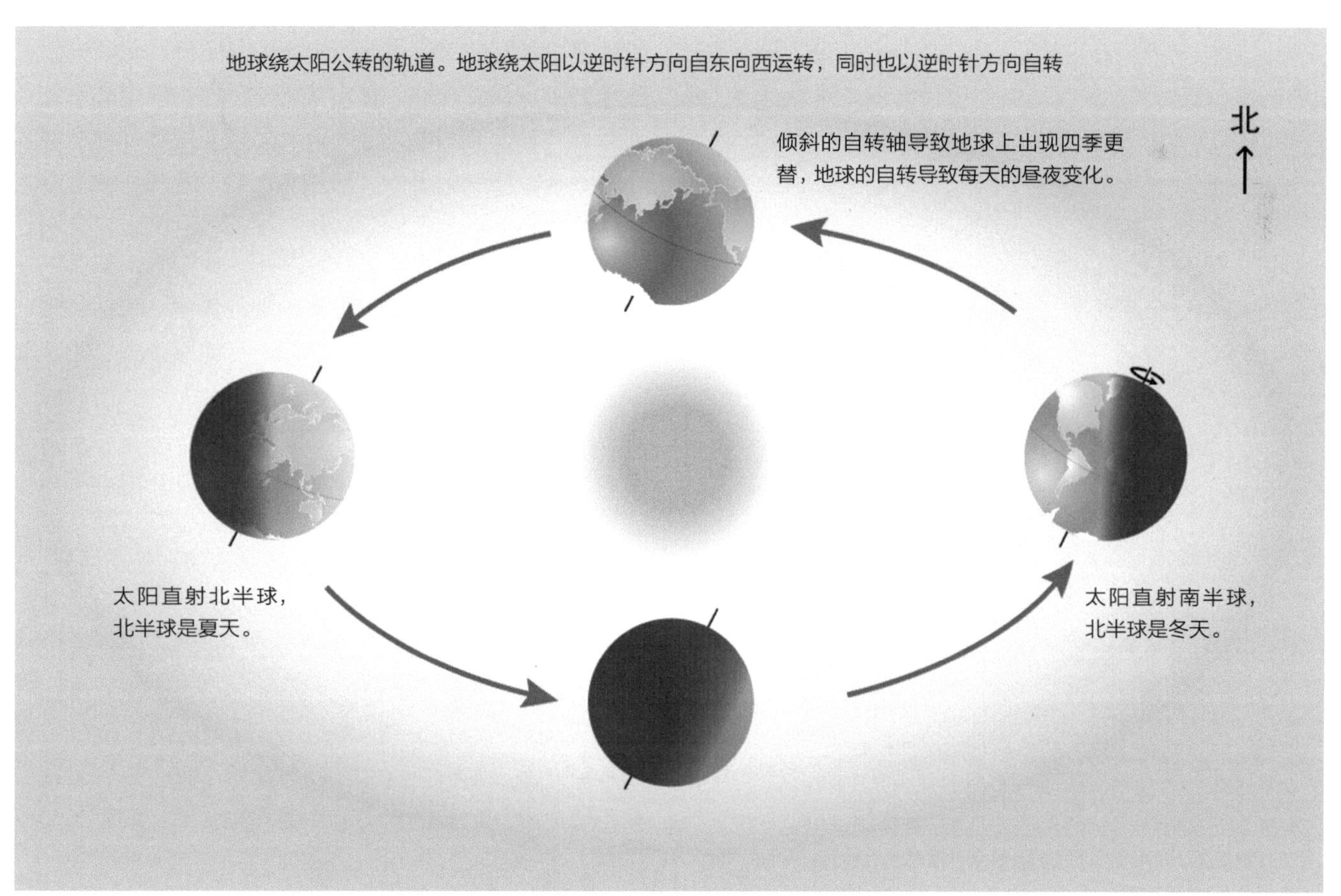

地球绕太阳公转的轨道。地球绕太阳以逆时针方向自东向西运转，同时也以逆时针方向自转

倾斜的。地球的自转轴并不垂直于太阳系的盘面——黄道面[①]，而是与黄道面存在 23.44 度的夹角。地球自转轴的倾斜给我们带来了一年四季，春夏秋冬。在地球上，同一个地区在不同季节的冷热程度不同，主要是由于太阳光照到地面的角度不同导致的。

“记住哦，天气变冷，不是因为太阳远离我们了，而是太阳‘斜眼’看人了。”

坐地日行八万里，巡天遥看一千河。地球赤道的长度约为 40070 千米。那么，在 24 小时内，地球自转一圈，赤道上的某个点移动了 40070 千米，赤道上的人和房子的“飞行”速度达到约 1670 千米/小时，这正是地球自转的速度。如果你从赤道往两极走，会发现越靠近极区，地球的自转速度越慢。站在两极极点上的人，就像在原地打转，这是因为地球极点处的周长趋近于零，自转速度也几乎为零。除了自转，地球还以约 30 千米/秒的速度绕着太阳公转。

适宜的温度是地球生命繁衍的前提。地球上的温度范围为 -88 ~ 58 摄氏度。最低气温是 1983 年 7 月在南极大陆的沃斯托克测量到的。最高气温是 1922 年 9 月在非洲的利比亚测量到的。地球不仅从太阳那里吸收热量，它的内部也会释放出热量，这两部分热量让地球表面保持温暖。同时，地球也会向太空中辐射热量，让自身降温。在这个过程中，大气层就像一层“薄被子”，既吸收太阳的热量，也吸收地表的热量，让地球表面保持在舒适的温度范围内。

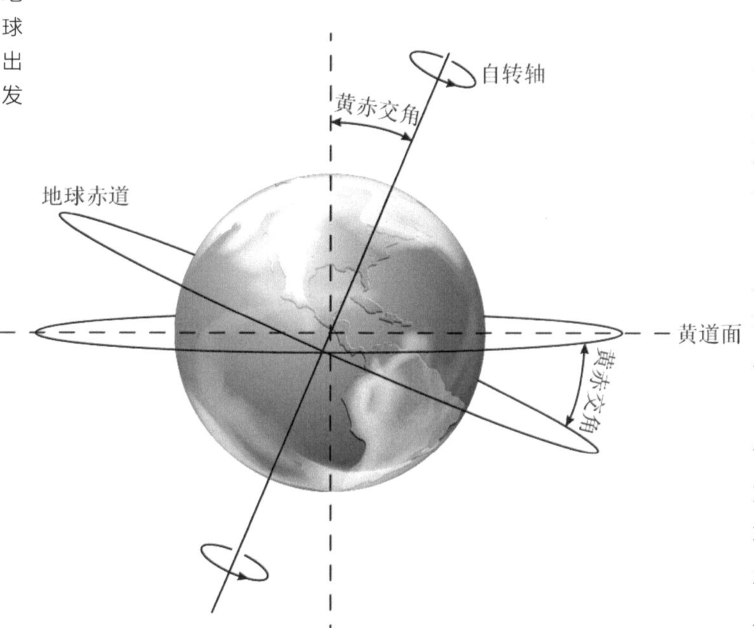

地球的自转轴是倾斜的，黄道面（图中的水平椭圆）与地球赤道面之间的夹角，称为黄赤交角

① **黄道面，是指地球绕太阳公转的轨道平面，与地球赤道面的交角为 23.44 度。**

地球的“薄被子”是它自己生产的。大气层是围绕着地球的一层稀薄气体，由 78% 的氮气，21% 的氧气，0.9% 的氩气，0.03% 的二氧化碳和微量的其他气体组成。大气层中的气体大多是从地球内部释放出来的。二氧化碳、水蒸气、二氧化硫和氮气等，是通过火山喷发和其他地质活动，从地球内部释放出来的。自地球形成以来，生命的繁衍产生了大量氧气，显著地改变了地球的大气成分。

2. 太空“大巴”

“听说诸位为了这趟行程，很不容易买到票，有些人甚至熬了三天三夜才抢到今天的座位，我被大家的求知欲深深打动了。在出发之前，你们一定非常关心旅途中的安全问题，想知道我们将会搭乘哪种交通工具。在旅途中，哪些活动是允许的，哪些活动又是严格禁止的。那么，现在就让火星叔叔来给大家介绍一下吧。”

深空探测的主要目标是各种地外天体，包括太阳系里的各大行星及其卫星。比如，月球探测就已经算深空探测了。或许你会担心，宇宙这么大，我们需要什么工具，才能在天地之间穿梭呢？

《西游记》里，天上是神仙住的地方，地下是鬼怪住的地方。天上住着玉皇大帝、王母娘娘、太上老君等各路神仙。但现在你往窗外看——哪有什么神仙，有的只是无尽的黑暗。传说中的神仙们可以驾着云彩在天上飞，而现在我们乘坐的则是一种特殊的交通工具——载人飞船。

说起载人飞船，就不得不提 20 世纪的科技壮举之一——载人航天。这一行动对探索宇宙、开发太空资源等有着划时代的意义。毕竟人类文明已发展了几千年，可直到 60 多年前，我们才实现了飞出地球、遨游太空的梦想。如今，全世界已经有 20 多个国家的五百多位航天员到太空潇洒走一回了，甚至有 12 名航天员登上了人类千百年来朝思暮想的月球。

“啊！原来已经有这么多人都到过太空了，这么简单！”

“听了这个消息，有些客人是不是担心自己被高价票坑了，已经打算投诉我们了？请诸位稍安毋躁，听我解释。”

别看人类进入太空现在已不算什么新鲜事了，可他们乘坐的载人飞船，要么是美国、前苏联或俄罗斯制造的，要么是 Made in China（中国制造）。换句话说，到目前为止，世界上仍只有美国、俄罗斯和中国有能力完全独立地把航天员送入太空。日本、法国、加拿大、意大利，甚至哈萨克斯坦，都曾有航天员进入过太空，但这些国家并没有独立开展载人航天的能力。为什么呢？其实原因很简单，那就是载人航天的技术难度大、费用高、风险又特别大。

安全可靠的载人飞船，是人类飞向太空中最关键的一环。载人飞船不仅与人造卫星这样不载人航天器有着相似的结构、通信、电源和推进等系统，还增加了用于净化空气、处理废水的生命保障系统，出现意外时帮助航天员逃生的逃逸救生系统……

“什么！你说得这么危险，是要强卖保险吗？”听到火星叔叔的介绍，旁边一位老爷子嘟囔着说，“我不要，我要回地球。”

“您可别！”

载人飞船示意图

1967年，“阿波罗1号”飞船上发生火灾，三名航天员被活活烧死。1986年，“挑战者号”航天飞机爆炸，7名航天员全部牺牲。2003年，“哥伦比亚号”航天飞机解体坠毁，7名航天员全部遇难。历数史上最严重的十大航天灾难，每次事故的惨状都远超好莱坞大片，使人们至今都心有余悸。

“那位阿姨，别紧张，咱们的飞船是中国人自己制造的，绝对安全可靠。你只要听从工作人员的安排，就什么事都不会有。”

载人飞船包括一次性的和可重复使用的两种类型。我们通常说的载人飞船是指一次性飞船，比如咱们这艘。这种飞船的体积较小、技术相对简单、造价便宜，最早是根据返回式卫星改造的。

“这位小仙女，不要噘嘴，你是觉得咱们的飞船档次不够吗？觉得可重复使用飞船更好的人，你可不是第一个。但事实胜于雄辩。由于可重复使用飞船的技术太复杂了，它的飞行成本和安全系数反而比不上一次性飞船。你也觉得安全更重要，是不是？所以，近些年来，一次性飞船再次成为太空舞台的主角，而你仍是最有品位的小仙女——不要再挠墙了，好吗？”

根据结构的不同，载人飞船有单舱、双舱和三舱几种类型。单舱型飞船的结构最简单，只有一个供航天员乘坐的座舱。美国第一位环绕地球飞行的航天员约翰·格林，就是乘坐单舱型的“水星号”飞船去太空的。双舱型飞船由座舱与提供动力、电源、氧气和水的服务舱组成。相比于单舱型飞船，它使航天员的工作和生活环境有了不小的改善。世界第一艘男女航天员共同乘坐的飞船——前苏联“东方号”飞船；世界第一位出舱航天员乘坐的飞船——前苏联“上升号”飞船；美国“双子星号”飞船，都采用了双舱型结构。这次咱们乘坐的就是一艘双舱型飞船。

那位小朋友问得好。既然双舱型飞船已能提供不错的生活条件，那最复杂的三舱型飞船又多了什么设施呢？哎，你是出来玩的，航天员可不像咱们一身轻松，他们是带着科研任务出发的。所以，三舱型飞船会增加一个用来做科学实验的轨道舱，或是用于在月球上着陆的登月舱。前苏联的“联盟号”系列飞船和美国的“阿波罗号”飞船就采用了三舱型结构。

说到这里，正好给大伙介绍一下，航天员究竟要执行哪些神奇的任务。他们的工作可不简单！拿我们的“神舟”系列飞船来说吧。首先，航天员自己就是试验对象，他们体验了人体在太空中的心理活动和生理状况；此外，他们会把植物、动物和微生物带上飞船，研究这些生物在太空中的生长情况；再有，他们还把各种材料，如半导体、陶瓷、润滑剂、金属合金等带上天，研究晶体在太空中生长、燃烧的过程。

“东方号”载人飞船安装在火箭顶部

听着他们的工作很无聊，对吗？并没有，因为太空中的引力和地球表面大不相同，所以这些实验结果也让人大开眼界。比如，在太空中，打火机的火苗并不会像地球上这样到处乱窜，而是呈圆球形——惊不惊喜，意不意外？

航天员的另一大任务是把探测器采集的数据、拍摄的照片发送回来，供人们观看和研究。咱们这趟旅行，是我们公司的工作人员在整理了海量深空探测数据后，才规划出来的，就像是你们“自由行”前制定的详细行程。诸位，是不是也想把此次太空旅行的照片发个朋友圈晒一晒？这就需要深空网为我们提供通信服务啦！深空网有多座大型天线，是专门用来给深空中的航天器提供数据接收和发送服务的。它有专用的无线电频率，任何手机和家用电器都不得占用这个频率。美国的深空网是当前世界上技术最先进、规模最大、成效最卓著的一个，欧洲和俄罗斯也拥有各自专属的深空网，中国正在积极建设自己的深空网。毕竟在太空中，我们自己的飞船，要由我们中国人来控制才放心。

“双子星”7 号载人飞船

组成深空网的 70 米天线，位于美国加利福尼亚州戈尔德斯敦。此外，在澳大利亚堪培拉和西班牙马德里分别设有地面站，跟踪行星际航天器

3. 太空“乐高”城

在神话故事中，天上有一座凌霄宝殿，里面住着各路神仙。现实中也有个类似的地方，它建在离地面400千米的太空中，里面住着的可不是神仙，而是各个国家的航天员。这就是我们即将到达的景点——国际空间站啦！怎么样，是不是很神奇？

科学家可不是什么仙官，所以，国际空间站也不像“凌霄宝殿”那般金碧辉煌。不仅如此，国际空间站甚至跟房子都丝毫不沾边。它的身体上长有许多“器官”和用来执行任务的“小爪子”，倒像是太空中的某只螃蟹成了精。

这“螃蟹精”是由十多万个机械组件拼起来的大个子，体长70多米，要建一个大操场才能放得下；体重更是高达419吨，抵得上40多头大象！它的身体两侧还有好几对“大翅膀”，展开后长达109米，仿佛是天使身上的“圣翼”，但这些翅膀既不能用来飞，也不能用来遮体。实际上，它们是太阳能电池板，用来吸收太阳能，并将其转化为空间站所需的电能及其他能源。

除了太阳能电池板，它的身上还有一个巨大的“大爪子”，名曰“机械臂”，是由加拿大研制出来的。它有近20米长，用的是都是特别坚硬的新材料，力量十足，你要是和它掰手腕，可绝对赢不了。这个“大家伙”自然是用来抓东西的，而且抓的是前来与它会合的航天飞机或载人飞船。不过，它虽然又凶又庞大，却是名副其实的“友谊之爪”——当飞船不能与空间站自动对接时，就需要用“大爪子”把它抓过来——只有这样，颠簸了一路的航天员，才能回到空间站里的舒适环境中。

我们的团里有个懂行的，发现了不可思议的地方：国际空间站这么大，现在的火箭根本没有那么大的力量，把它一口气运上天。您说对了，其实它是由航天工程师把组件分批运到天上，再在太空中拼装起来。一开始，国际空间站只有一个舱段，还是只“小螃蟹”。后来，随着需求的增加，经过十多年不断地组装建设，如今便有了这么大的规模。人从小长大不容易，空间站也一样。因为空间站位于400千米高的太空中，许多建设材料都要从地球上运过去，不仅费钱，而且要冒很大风险。2003年年初，携带一批空间站建设材料升空的“哥伦比亚号”航天飞机突然爆炸，7名优秀航天员陨落太空。为了安全起见，之后

国际空间站上由加拿大研制的机械臂

的两年间，美国只得停飞所有航天飞机，空间站建设因此陷入停滞。这段时间里，空间站的人员和物资运输，则只能依靠俄罗斯的“联盟号”飞船来完成。直到 2006 年，美国的航天飞机恢复运行，空间站建设才重新启动。

人类集合了十几个国家的航天力量，花了 1100 亿美元，历时十几年，才将国际空间站基本建好。那么，这凝结了人类智慧和金钱的太空建筑到底有什么用？它真值得我们花如此大的代价来建设吗？

首先，国际空间站是一段一段地组装起来的，这是人类首次在太空中进行如此大规模的组装工作。我们以后若想在月球或火星上建立人类基地，也要“依样画葫芦”。换言之，国际空间站为以后的太空基地建设积累了丰富的经验。其次，航天员们已经在空间站里完成了数以千计的科研项目，揭开了许多太空奥秘，如种植太空蔬菜、研发药品、生物工程、材料科学等。虽然我之前说过，航天员也可以在飞船上做实验，但飞船还是太小了。很多耗时更长、规模更大的科学实验都难以开展。由此，我想诸位也明白了，建设空间站是为了让科研人员放开手脚。

那这个空间站为什么叫国际空间站呢？这就要说到三十多年前的事了。1983 年，出于军事目的，美国提出了建立国际空间站的想法。其实在此之前，美国早就发射过一个叫“天空实验室”的小型空间站，先后有 9 名航天员在那里进行了天文观测、生物医学和材料加工等研究，为建立大型空间站积累了不少经验。尽管如此，就算是美国这样的航天强国，也无法仅凭一己之力建成大型空间站。因为与“天空实验室”相比，国际空间站的规模要大得多，技术也要复杂得多。所以，到了 1993 年，美国和前苏联、日本、加拿大、巴西及欧洲空间局等十多个国家和组织合作，共同建立了国际空间站。

说到这里，我不由得要向大家介绍下一个景点——“天宫二号”空间实验室了。如果说“天宫二号”比国际空间站小，想必大家会有些失望。然而对中国航天来讲，这个景点却意义非凡。您去意大利、埃及或印度旅游时，除了看看各处美景外，想必也会被它们厚重的历史震撼，而“天宫二号”的故事也确实跌宕起伏。当年，中国希望参与国际空间站建设，但是

俯视国际空间站

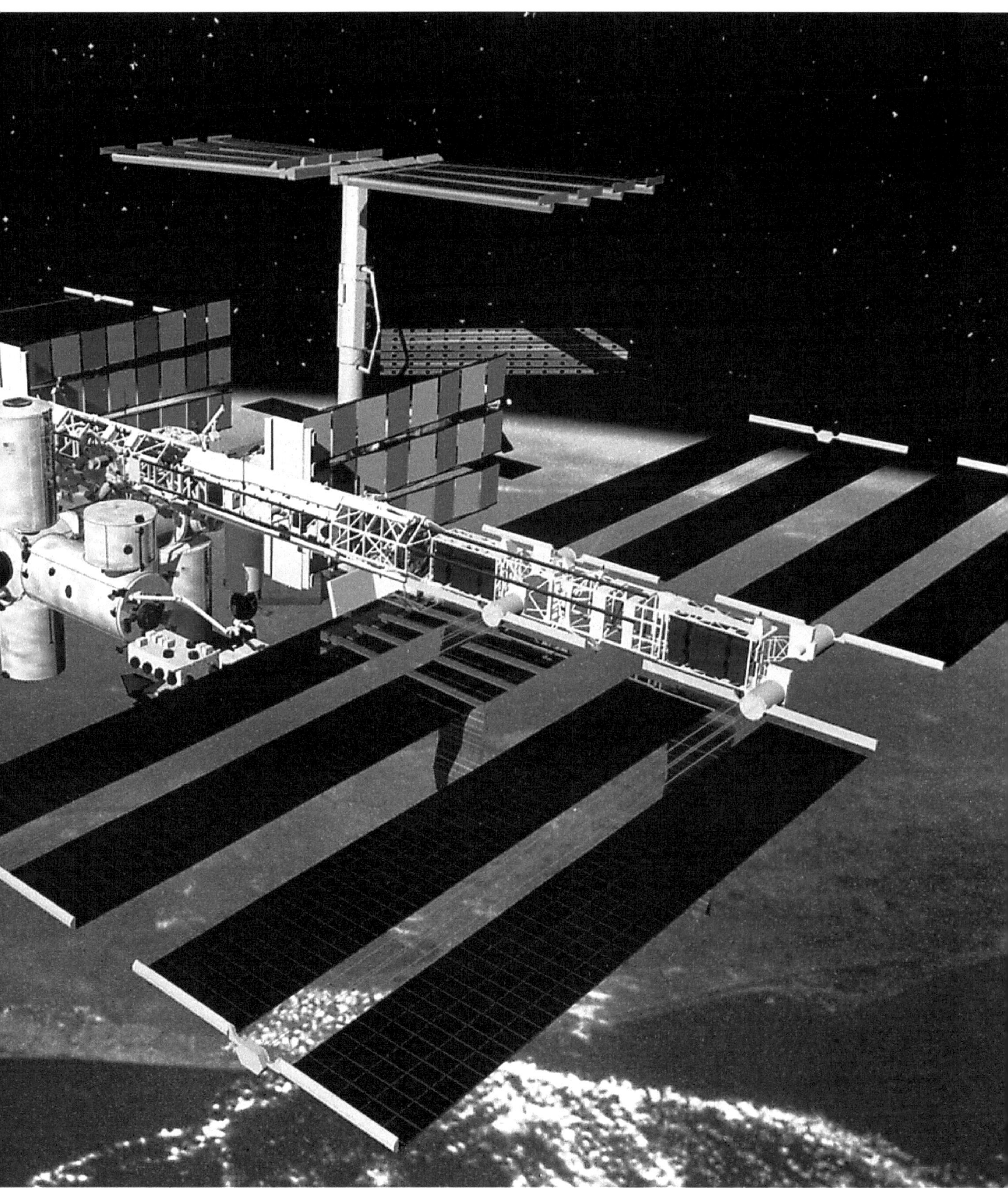

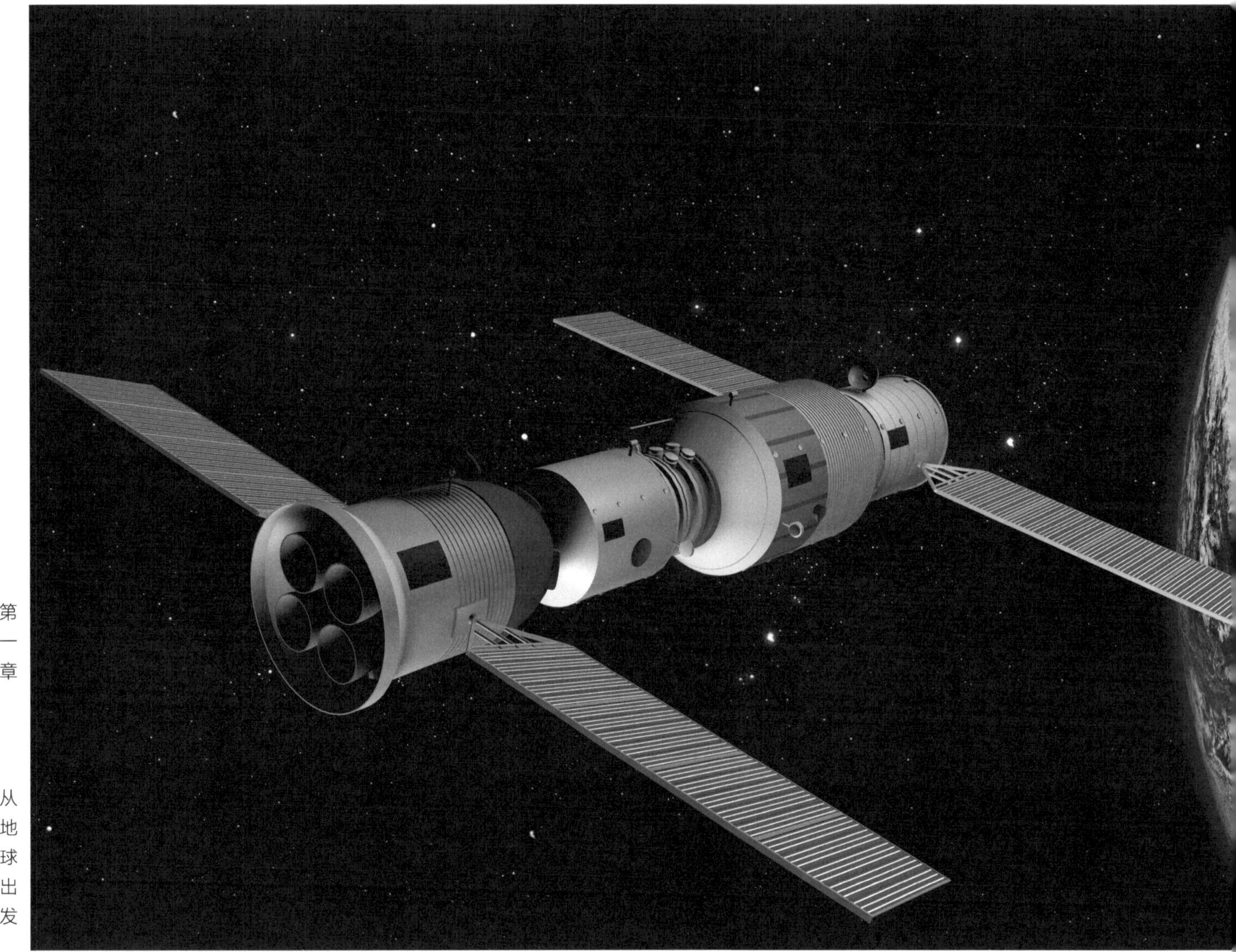
中国的天宫二号空间实验室

美国并没有让中国参加。可他们万万没有想到，我们自力更生，凭着百折不挠、艰苦奋斗的精神，仅凭一己之力，建立了自己的空间实验室。是的，“天宫二号”的建设靠的是我们自己，并且我们还一直在完善它！ 2020 年之后，中国人自己独立建设的空间站就将投入运行，将会邀请美国等国际同行参与中国空间站的建设和运行。

接下来，我们的行程会安排在飞船上，让大家体验一下飞船生活，特别是体验地球上千金难买的高度失重感。这次旅行你们赚大了，要知道，法国 2015 年推出的零重力航班，五分钟失重体验就要大约五万元。

4. 失重“乐园”

轻飘飘地悬浮着，是不是感觉很爽？可不要一直

航天员太空行走，这是载人航天任务中技术最艰难，风险最高的环节

这样懒着，因为在这种环境下，我们的骨骼不再需要像在地球上那样支撑身体的重量，时间长了，骨骼和肌肉的机能就会变弱甚至萎缩。因此，为了保持强健的体魄，以应对繁重的科研活动，航天员们要做适量的运动。在国际空间站，航天员们每天都要借助跑步机和运动监测设备锻炼约两个小时。幸运的是，在地球上，锻炼属于个人私事，是“自己找罪受”；但在太空中，锻炼则属于工作的一部分，还要给你发工资呢！

悠闲地漂浮了一天，现在到了准备睡觉的时间。航天器上配有位置固定的一体式睡袋，请大家先找到属于自己的睡袋。然后，像这样爬进去、套上，再用带子把自己捆起来。接下来的每个晚上，我们的睡姿都会是这个样。由于空间比较小，大家可能会觉得很不自由，但这是为安全着想。

睡觉前，我们再回忆一下今天的漂浮体验吧！有没有人差点撞上其他人或什么设备？这尚且是我们醒着、能控制自己动作的时候。而在睡眠过程中，你的双臂如果处于漂浮状态，身体像跳舞一样四处摇晃，很容易在不知不觉中碰到什么东西，导致危险发生。好啦，忙了一天了，大家抓紧休息吧。

新的一天来啦！昨晚，各种仪器和通风换气设备产生的噪声，伴随了我们一整夜，猜大家是不是都没睡好，正急着离开睡袋去洗漱。别着急，先跟我学习一下如何洗脸刷牙。太空里没有重力，倒出的水不会落进杯子里，而是会变成小球飘在空中。大伙先看我怎么做：先从水袋里小心地挤出一些“水球”，然后慢慢用牙刷靠近，这时水就会贴在牙刷毛上了。挤牙膏也要特别小心，得慢慢地挤出少量牙膏到牙刷头上。接着……咕噜！不要用这种眼神看我好不好，在这里，把牙膏沫及漱口水咽下去才是正常做法啦！虽然有时也有专门的清洁毛巾，但因为空间站的水处理起来比较麻烦，所以为了方便起见，像刷牙水这样的少量废水，航天员们通常都会选择自己咽下去。不过，在太空中洗脸，要比刷牙简单一点：我们还是先一点点从水袋里挤出适量的水，然后靠近毛巾，让水吸附在毛巾上，再用湿润的毛巾擦脸。

我知道，刚才奇怪的刷牙方式会让各位倒胃口。不过，在宇宙飞船上吃到这么营养又美味的食物实属不易，你忍心不吃吗？

20 世纪 60 年代，载人航天尚处于起步阶段，航天员都是吃从铝管中挤出的流质食物。虽说这种食物简单方便，也不易变质，但吃起来的感觉就像吃牙膏一样——我怎么又扯到牙膏上了，唉！

直到阿波罗登月时代，受益于科技的发展，航天食品的种类和数量才开始呈爆炸式增加。到如今，连新鲜的水果都可以带到太空中享用。如今的国际空间站里，航天员的食谱上已有了多达 300 种食品。我国神舟十一号飞船的菜谱，不仅营养结构更加科学合理，更为航天员景海鹏和陈冬配备了符合两人各自口味习惯的个性化食品。

看来，这位女士已经从刚才的洗漱中学到了经验。你问我太空食物是不是也有特别的吃法。问得好！飞船上的餐桌确实是特制的，它有磁性，可以吸住各种罐头食品和餐具。至于其他材质的食物容器，也要用尼龙搭扣固定在桌上，防止漂走。此外，航天员就餐时，必须在专门的区域，把身体固定在座椅上。总之，由于没有重力，航天员和食物都必须被“限制自由”。不仅如此，航天员从食品柜中取出食物后，要先把袋装食物固定在餐桌上，再把包装袋打开一个小口，才能用筷子或叉子将食物送进口中。为防止食物残渣和液体飞溅，航天员在进食时必须一次一口闷，再紧闭嘴巴咀嚼。喝水或汤时，只能通过软管从容器中吸取。这种体验就和我们吃灌汤包一样，必须小心，不然一不留神就会被汤汁溅到，所以不管多么粗犷的航天员，吃饭时也必须要像淑女一样小心翼翼、细嚼慢咽。

吃完了，大家先消化一下。接下来，听我讲讲怎么上厕所。别嫌倒胃口，人嘛，又不是貔貅，有进就有出。可在这失重的环境下，洗漱吃饭都要费一番周章。如果我非得等您内急了再讲，多不合适。

飞船上的厕所都得靠空气泵来吸取和收集排泄物，通常有两个不同的采集器。挂在太空厕所墙壁上的，是一个犹如家用吸尘器的细管子，用于小便时收集尿液。使用时，大家要先对准尿液收集孔，调整好姿势。然后打开收集孔下方的抽气泵，调整到舒适的抽气强度，就可以“嘘嘘”了。另一个收集器则是固定式的坐便器，作用就不言而喻了。航天员上厕所的过程，非常考验他们的精细动作。所以，此行回到地球后，估计大家的手脚会变得灵活许多。

“那么，这些排泄物会去哪呢？你们知道吗？”

飞机上的排泄物会在飞行途中丢下，像鸟一样飞走。别摸头，你是不是担心被砸到呢？别担心，排污口只有在人烟稀少的地方才会打开。火车上的排泄物以前也是直接排到轨道上，后来担心传播疾病才开始存储起来。但飞船上可就不一样了。飞船上有专门的空气泵，会把排泄物抽走并脱水保存，尤其是尿液会进一步处理，净化后进行循环利用……

“这位小伙子，你真想弄清楚循环水的去处吗？好吧，我告诉你，你早餐时是不是泡燕麦片来着……”

5. 人造重力

体验失重后，相信大家会感觉，虽然有很多不便，

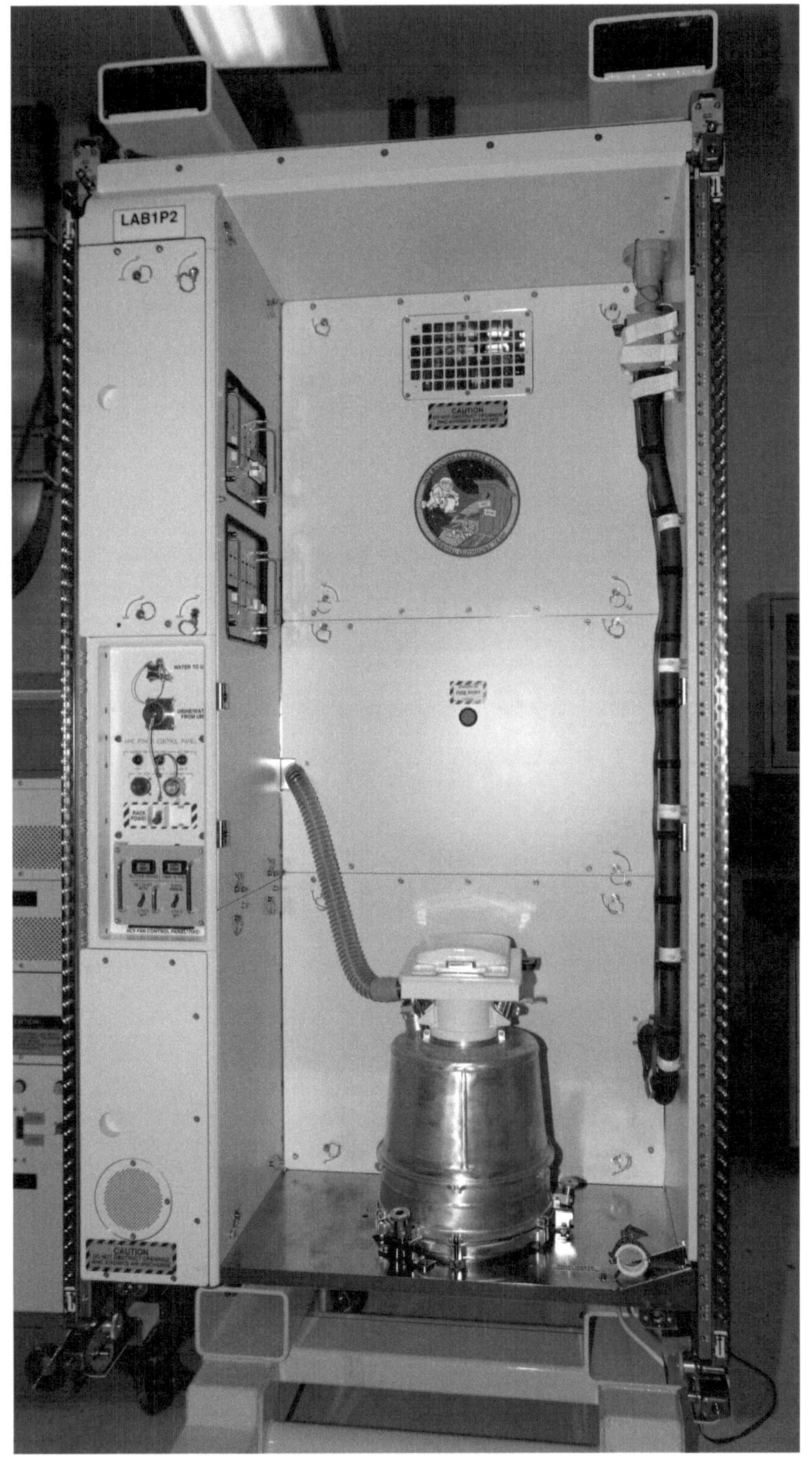

太空厕所

但绝对是“春宵一刻值千金”。我们体验失重状态的时间并不是很长，有些小朋友说自己还意犹未尽，可我也听几位老人家反映身体不舒服，说是有头疼、胸闷等症状。这是因为人的身体长期受重力作用，内脏、感官都习惯了这样的状态，而失重则打破了这种状态。我知道，你们现在真的很想站着“活”，科学家已经在研究这个重要问题啦！火星思维的科学家又是怎样让重力在太空中“无中生有”的呢？

不知大家有没有想过：为什么我们能把手机拿在手中？为什么不小心掉到地上就会摔坏？简单地说，这些问题的答案都可以归纳为“力的作用”——力是一种基本的物理概念，即物体间的相互作用。大家玩过吸铁石吗？吸铁石间的相互吸引或排斥，就是一种力——磁力。

重力是地球对地球上的东西施加的一种力。1687 年，大科学家牛顿发现，任何物体之间都有相互吸引力，物体的质量越大，吸引力就越大；距离越远，吸引力就越小。这就是万有引力定律。套用到实际生活中，由于地球的质量巨大，所以产生的引力足以影响地球表面的所有物体，把它们全部吸牢，不至于飘到太空中去。

在轨道上绕地球高速飞行的飞船，却是另一番光景——飞船并没有贴地，却能以特殊的方式绕着地球飞行，而不会掉下来，为什么呢？原来啊，飞船飞行时会产生离心力，与地球对它的吸引力形成了一种平衡，飞船就不会掉到地面上。想必你已经猜到了，从某种程度上飞船中的你也摆脱了重力。如果这次你偷偷地带着体重计上了飞船，会惊讶地发现，你根本称不出自己的重量，甚至无法站到地上，只能在船舱里漂浮。

习惯了地球重力的人，在失重状态下心脏和血液循环又会有什么影响呢？在太空中，由于心脏向外输血的力量不能及时调整，所以血液及其他体液就会涌向头部和胸部——与在地面时相比，头部承载的液体增加了。结果就是，航天员的头、颈部明显肿胀，心脏也会过度疲劳。由于血液涌向上半身，压迫了心脏，心脏会明显缩小，有些航天员回到地面后一年，心脏才会恢复到原来的大小。此外，血液中的红细胞也会减少，同样需要很长时间才能恢复正常。但这些变化还属于人体对太空的适应性。还有一类身体威胁，其中最危险的，就是骨骼中钙质的流失。所以，航天员需要每天进行体育锻炼，目的就是让骨骼和肌肉承受力量，尽量减少钙的流失。在国际空间站住了一年的光头航天员凯利曾经说过，他觉得太空中最美好的事情，是锻炼身体成为工作的一部分，还会有收入。

“那位小伙子，别太使劲了。在飞船上锻炼，要遵循操作规则哦，动作幅度不能太大。否则可能引起共振，严重时甚至会导致飞船解体。”

“嗨，这是谁家的孩子？人家都说心脏不舒服了，你还想吓人？家长呢？什么，在太空中突发脑溢血？您可别听了这段讲解就跟我开星际玩笑，我还有大半截内容没讲呢……”

既然失重状态对人体健康并不好，我们只要制造和地球上相同的“重力”就好了，怎么制造呢？其实我们所说的“失重”，并不是真的失去了重力。飞船里的完全失重状态同样不是失去重力，而是外界物体对你的身体完全没有支持力。我们之所以能平稳地站在地面上，是因为重力和支持力相互平衡。

在太空中，由于没有支持力，平衡也就不复存在了，那我们怎样才能平稳地待在飞船里呢？大家可能见过老人们锻炼身体的甩甩球：绳子的一端绑一个小球，另一端手拿着挥舞旋转，受绳子约束的小球会做圆周运动。同样地，我们可以把飞船和飞船里的航天员看作小球，挥舞小球的人则是地球，“绳子”就是地球对飞船的万有引力，或者说重力。然而，要是绳子断了，小球就会被甩出去。在飞行过程中，飞船时时刻刻都受重力的牵引，这样才能绕地球飞行。

我们能感受到重力，是因为我们每时每刻都受到重力及地面支持力的作用。同样，在失重的飞船上，我们可以还原这样一种状态：做一艘封闭的环形飞船，像车轮一样不断地绕着中心轴旋转，这样，在飞船的边缘，就会存在旋转产生的离心力，航天员和其他物品则会像壁虎一样，被“甩”着贴在内壁上。对航天员来说，这个可以平稳支撑身体的内壁，就像“地面”一样。由此，航天员终于可以“站”在“地面”上从事各种研究了。想法很好，但实现起来并不容易。由于技术复杂，费用高昂，这还只是个梦想。随着太空旅游业的快速发展，充气式太空舱已经研制成功，能够产生人工重力的轮形空间站终将成为现实，游客们有望享受到更为舒适的太空之旅。

“哎，难受您也别动闸门——根据协议规定，破坏飞船设备需照价赔偿，天价哟……这回真晕啦！”

6.“胶囊”农场

大家请往这边看，看见这片荒地了吗？这里是个开发区，以后会建成太空农场。有人会问：“难道这是房产预售吗？”其实不然。自实现载人航天飞行的那天起，太空农场的设想就已经存在了。

太空是人类的未来家园。我们进入太空已经半个多世纪了，但如果想在太空中长期生活，仍需要从地球上运送食物。但这样做的代价实在太高。为了解决粮食短缺问题，袁隆平院士已开始种海水稻了，有些国家则计划把农场建在海洋中。那为什么我们不能将开垦的脚步迈进太空呢？未来，如果人类想在太空中生活，就必然要发展太空农业。

1961 年，前苏联航天员尤里·加加林成功实现了环绕地球飞行——这是人类首次进入太空，是一次巨大的飞跃——此后，各国纷纷开始搞载人航天。但太空飞行可不简单。我看落枕的那位就颇有心得，对飞船上比家中的卫生间还要小的狭窄空间怨念不浅。大家都知道，飞船能携带的食物和水非常有限，由于发射费用很高，总用火箭运送也吃不起。为了使航天员的生活得到保障，一个“妙招”便在科学家的脑海里萌芽了——在飞船上建设“太空农场”，让他们自给自足，自己动手种菜、养虫子。这样，航天员可以靠蔬菜和虫子来维持生命。植物吸收航天员和虫子排放的粪便和二氧化碳，同时为他们提供氧气。

吃虫子？听着很玄乎对吧？“太空农场”可不是科学家凭空想象的，而是遵循一套严谨的科学依据。由于航天器的飞行时间长、空间小，“太空农场”必须是一个可循环、高效率的生态系统。因此，在科学家的设想中，一个理想的生态农场，要囊括微生物和藻类、绿色植物、动物等不同类别的生物。

我们先从微生物和藻类说起，在“太空农场”这个简单系统中，它们分解动物和航天员的排泄物，释放出绿色植物生长所需的二氧化碳和营养元素。再说绿色植物，它们通过光合作用吸收二氧化碳，释放氧气，同时为动物和航天员们提供食物。至于被饲养的动物，它们以植物残渣为食，待其长成后，就成了航天员的盘中餐。如此往复。

先不要这样两眼放光地看着我好吗？我都说了，建设“太空农场”可没有你们想象的那么简单。要知道，太空的环境与地球迥然不同，光凭人类过往的饲养和种植经验，是不可能成功的。我们需要翻越“三座大山”。

第一座“大山”，是我们之前体验了一下午的失重环境。在太空中，航天员连站立都很困难，那么，在地球上随重力把根系深深扎进泥土里的植物，可不更得迷路了？如果负隅顽抗的话，可就成了传说中的“倒栽葱”了！

第二座“大山”，是控制空气中氧气和二氧化碳的比例。地球上，空气中二氧化碳和氮气的比例是恒定的。但在太空中，如果微生物释放的二氧化碳不足，绿叶蔬菜就无法提供足够的氧气，航天员也就很难活下去了。缺氧可是十分危险的哦！

在国际空间站上有两套设备，专门用于吸收空气中多余的二氧化碳。不过，通常情况下只允许开其中一台，另一台只有在应急状态下才能启用。尽管有这么高级的设备，可也只有当航天员锻炼身体时才会使用，这时氧气消耗大幅增加，空气中的二氧化碳浓度会上升。航天员经常生活在二氧化碳浓度过高的环境下，工作状态和身体健康都会受到影响。所以，即使是国际空间站这样的尖端设施，控制好空气中的二氧化碳浓度仍是一大难题。

“这位同学考考你，在深海中可以静悄悄埋伏几个月的潜艇，又是怎样解决二氧化碳浓度的难题呢？什么，听不下去了？别走，听我解释……”

第三座“大山”，是太空中无处不在的高能宇宙射线，它们可能会使动植物发生基因突变。比如，你正在啃土豆，忽然发现它用一只眼睛看着你……故而，探究太空农场可行性的最好方法，是先在地球上进行试验。

我们国家已有了一个“太空农场”，它的名字叫“月宫一号”，建在北京航空航天大学里，于2012年11月启动。“月宫一号”实际上是一个太空生命保障的试验舱。初期，试验舱的面积只有54平方米，看起来就像一个大胶囊。在这样一个狭窄的空间里，安装了医学监测和医学保障设备，用以监测实验员健康水平。此外，还有吃饭和运动的地方。当时，两位实验员的活动区只有18平方米，剩下的一大半区域，都是植物培养舱，也是“太空农场”的真正组成部分。

2018年刚刚结束的“月宫365”实验，已经扩大到8名实验员，他们分为两组。第1组实验员进舱后连续生活60天。接着，第2组实验员接替进舱，连续生活200天。最后，第1组实验员再次进舱轮换，连续生活105天。实验员们每天种植蔬菜和农作物，饲养昆虫，呼吸这些植物呼出的氧气，同时享用自己栽培的农作物，绝对无公害哦。有趣的是，白天实验员们活动时，氧气需求量增加，舱内的氧气含量就会降低；到了晚上，待他们入睡，氧气需求量减少，舱内的氧气含量又会显著上升。通过“月宫一号”的研究，科学家得到了大量珍贵的实验数据，可以为今后建设真正的太空农场，提供很大的帮助。

开拓天疆（喻京川 作品）

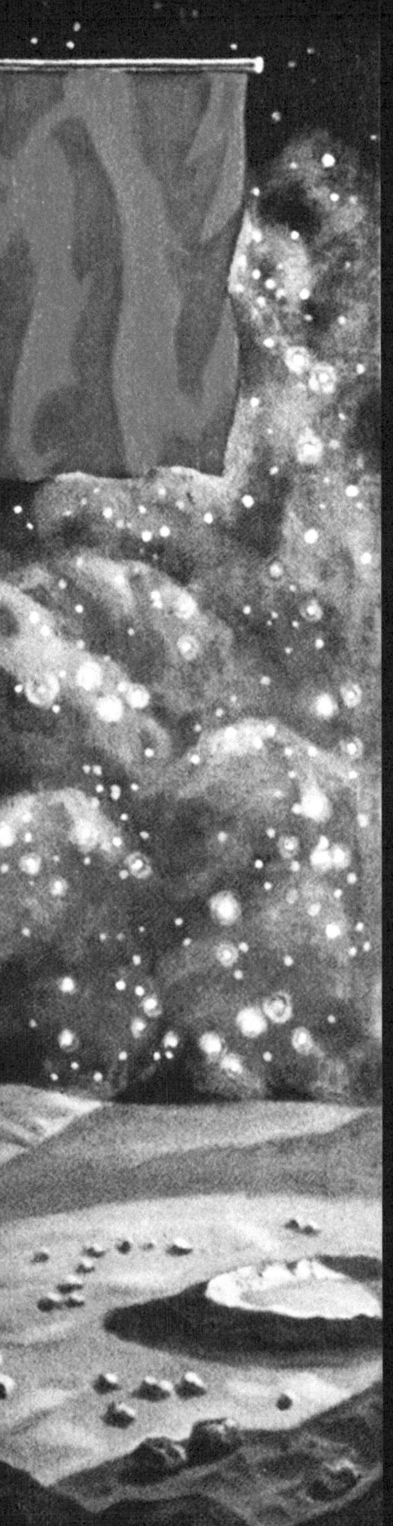

第二章 明月几时有

“明月几时有，把酒问青天，不知天上宫阙，今夕是何年？”月球是离地球最近的天体，也是地球唯一的天然卫星。长久以来，朦胧的月色，带给地球上的人们思索的灵感和人性的温暖。从我们的祖先还是未开化的丛林野兽时，月亮就一直默默陪伴我们到现在。今天，火星叔叔就带大家登上月球，一起揭开它那神秘的面纱。我们从地球出发，进行深空探索之旅的第一站。

1. 但愿人长久

曾经，我们的祖先只能遥望月亮，抒发内心的情感。400 多年前，望远镜发明后，人们看到了月球上的环形山，以及黑色的月海、白色的月陆。

1865 年，儒勒·凡尔纳创作了科幻小说《从地球到月球》。在小说中，他描述了这样的场景，人们用 270 米长的大炮，把看起来像炮弹一样的飞船，发送到太空中。这次发射居然要消耗 18 万吨火药。当然，凡尔纳那个时代，科技还很不发达，到月球去旅行还只是科幻。

航天技术的进步，使人类的想象插上了翅膀，登陆月球从梦想变成了现实。20 世纪 60 年代以来，月球探测技术快速发展，人类开展了 130 多次探月任务，从最初只能远远地飞越，到后来环绕月球开展观测，如今已经实现了月球表面的着陆。

阿波罗计划是人类历史上规模最庞大的科技工程，总共 30 多万人参与其中。1969 年 7 月 20 日，阿波罗 11 号登月舱着陆在静海平原，尼尔·阿姆斯特朗走出舱门，成为登陆月球第一人。当他走下舷梯时，他说“这是我个人的一小步，却是人类的一大步”。接着，第二位宇航员巴兹·奥尔德林也成功登月，他觉得月球风光是一种“伟大的荒凉”。而第三位宇航员迈克尔·柯林斯，只能留在月球上空的轨道舱等着他们回来。很多人甚至都不知道柯林斯曾经去过月球，他成为英雄背后的“无名英雄”。在中国，杨利伟已经成为航天英雄的标志，但站在他背后，托举他成功飞天的人同样值得铭记。自美国第一次登月到 1972 年，短短三年间，阿波罗 12 号 -17 号陆续登陆月球，六次任务，先后有十二名航天员成功登月。即便未能登月成功的阿波罗 13 号，也因为惊险的自救过程而被拍成好莱坞大片，成为一次“成功的失败”。

不到长城非好汉。我们也登上月亮——这个中国人心中最具幻想和诗意的天体。此时，它就在你的脚下了。有没有被吓到呢？月亮上哪有什么玉兔和嫦娥仙子，分明是一个荒凉、死寂的世界，而且满地都是“坑”。后面的行程大家可千万留神脚下。

一旦神秘的面纱被人类好奇的天性残忍地揭开，“镜中花”“水中月”的朦胧幻境和重重迷雾的背后，是一个气得想捂脸的月亮。但现在，摆在我们面前的更多是荒凉的美和从未有过的宁静。我们可以看到月球上没有大气，没有水，表面散布着大量撞击坑，到处散落着石块和土壤。

阿波罗登月之后，探月经历了二十多年的长时间沉寂，实际上是在为新的探月热潮积蓄能量。20 世纪 90 年代，以 1994 年发射的克莱门汀探测器和 1998 年发射的月球勘探者号探测器为标志，人类开启了新一轮探月热潮。这些探月活动积累了大量的科学数据，大大加深了人类对月球的认识。最新的月球探测表明，月球两极可能会有冰块。

“大家有没有兴趣尝一尝梦幻般的‘月亮水’？”

“我们并不生产水，我们只是大自然的搬运工。”

“这是什么鬼？这位女士你扯哪儿去了！”

地球的“拖油瓶”

月球离我们有多远？月球到地球的平均距离，约为 38 万千米。但 38 万千米到底有多远？很多人还是不理解。

火星叔叔告诉你，地球与月球之间，可以并排塞进去 30 个地球。

如果坐火箭去月球的话，火箭的飞行速度约为每小时 38000 千米，也就是每秒 10 千米多，即便直线飞过去，也要 10 个小时才能到月球。但实际上，火箭不是直线飞过去的，往往要在地球上空环绕几圈，不断加速后才能奔向月球。到了月球，也要绕月球数圈才能刹住车，实现月球着陆。

想当年，“嫦娥一号”卫星为了去月球，38 万千米的地月距离，实际上走了 100 万千米，用了两周（13 天 18 小时）才赶到。当年后羿要是知道嫦娥吃了灵药飞走了的话，坐上火箭赶紧去追，应该还是能追上的。

如果我们乘坐时速 900 千米的喷气式飞机去月球，路上需要约 18 天；如果我们乘坐时速约 300 千米的高速铁路去月球，路上需要 53 天；如果我们乘坐时速 80 千米的汽车去月球，路上需要 198 天；如果我们步行去，就像火星叔叔那么慢，每小时只能走 4000 米，需要 11 年才能到月亮上。

当然，我们说的都是直线距离。如果像嫦娥仙子那么绕来绕去，就需要更长的时间才能到了。

各位，请抬头看窗外。从地球上，我们看到的最大的月亮，也就篮球那么大。即便是他们鼓吹的超级月亮，实际上也看不出比平时大了多少。但如果与地球一比较，你就知道月亮也没那么小啦。

月球的直径为 3476 千米，相当于地球直径的 1/4。月球的表面积约为 3800 万平方千米，相当于中国陆地面积的四倍。在太阳系所有行星中，只有地球带的这个“拖油瓶”，跟地球的相对比例最接近。月亮根本不像是地球的“孩子”，它们更像是兄妹俩。

“哎，那位朋友说月球内部是空心的。你确定？”

月球的质量为 7.352×10^{22} 千克，约为地球质量的 1/81；月球的体积只有地球的 1/49。算一下，密度等于质量除以体积，月球的密度是多少呢？

“算了，也不为难你了，直接告诉你答案吧。”

月球的平均密度为 3.34 克 / 立方厘米，地球的平均密度为 5.52 克 / 立方厘米，月球密度是地球的 3/5 左右，确实要蓬松一些。虚是虚了一点，可也不能说它是空心的啊。

月球表面的引力只有地球表面的 17%，约为地球的 1/6。一个 100 斤重的人，在月球上的体重只有 17 斤。这么看来，完全可以不用减肥嘛。体重只是一个数字而已，女士们又何必太在意呢。

月球的“麻子脸”

有位同学失恋了，找我倾诉。他说，那个女孩真怪，前一秒还好好的，后一秒他说了一句话立即变脸了。我问他说了什么，他说：“我夸她的脸像月亮那样美。”

看看脚下，为什么听了这句话女孩生气了，现在你们知道了吧！

前段时间火星叔叔去深圳，发现深圳机场很时尚，但天花板上分布密密麻麻的多边形，很多密集恐惧症患者看了很不舒服。如果你也是这样的人，那我劝你谨慎选择月球作为旅游目的地。在月球上空绕一圈，俯视全貌，那密密麻麻、大小不一的凹坑，一定会吓哭你。

“为什么月亮的‘脸’是这样的呢？”

这位姑娘问得好。在月球形成后几十亿年的漫长历史中，宇宙中一直没有像样的交通规则，大的行星还好一点，扭动起来也不容易。怪就怪小行星、彗星这样的小天体，它们像猴子一样四处乱窜，使月球表面遭受了无数撞击。原本“细皮嫩肉”的月亮，就这么被摧残成了“麻子脸”。据统计，月球上直径大于 1 千米的凹坑有 33000 多个，总面积占整个月球表面的 10% 左右。月球表面越古老，撞击坑的密度就越大。火星叔叔就是用这种方法来计算月球表面的年龄——“数坑法”。白色的月陆比黑色的月海更古老，遭受小天体撞击的次数更频繁，因此撞击坑更多，地形也更崎岖。

化妆就像刷墙，脸上痘痘多，全靠粉来抹。月

一个典型的月球表面撞击坑，看起来就像一只大碗，因而被称为碗形撞击坑

亮毕竟是个“女”的，对自己的容貌还是很在意的。她对自己的肤质颇不满意，不仅坑多，而且一拍就掉“粉”——月壤。当年，月球表面的岩层被那些横冲直撞的肇事者，粉碎得像面粉一样，覆盖了整个表面，月壤就这样形成了。月陆被撞的次数多、时间长，“粉”就厚，厚度有 10~15 米；月海被撞的次数少、时间短，“粉”还很薄，只有 4~5 米厚。

“什么？月亮脸上居然扑这么厚的粉！”

以后看到别人脸上抹点粉，就别大惊小怪了。而且，月亮上的这层粉还有大用处。由于人类还没有能力在月球上使用大型工程机械，这层松软的土壤，自然成为建设月球村要开采和利用的首选目标。从中可以提炼金属，合成氧气和水，生产建筑材料等。

“小心！别陷进‘粉’里！”

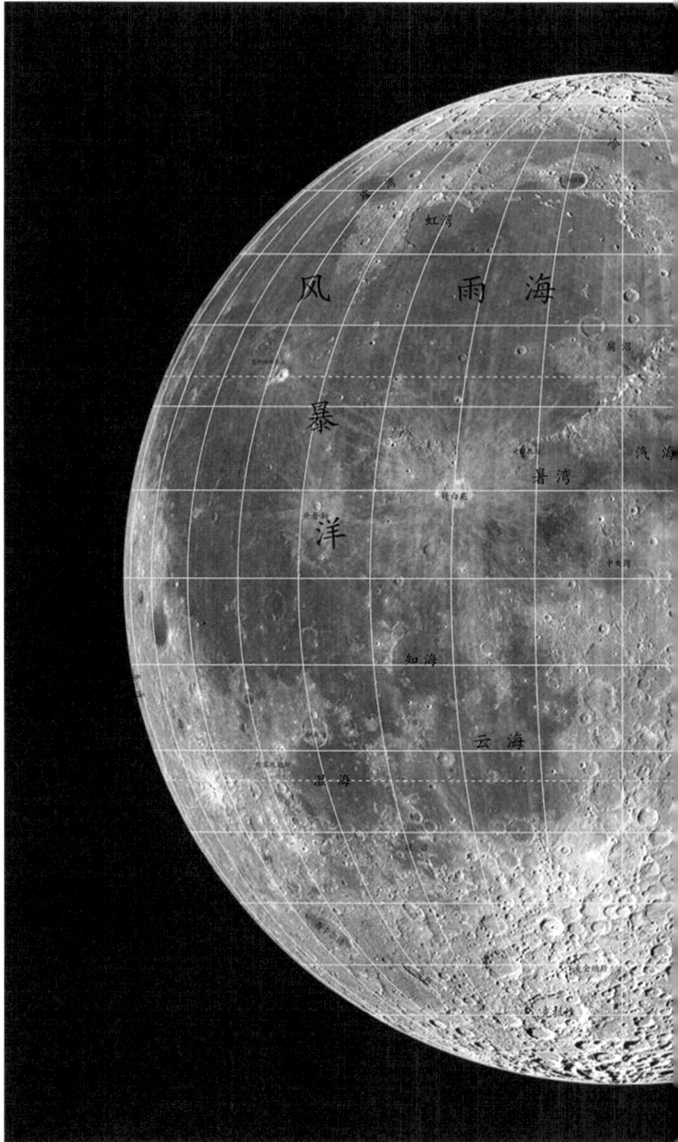

月球的正面（左）和背面（右）

省泳衣的海游

400 多年前伽利略生活的那时候，望远镜还不够先进。当他观测月球时，不知道月球上有这么多故事，他的注意力集中在月亮明暗分明的景观上。他看到的那些亮的区域，是高地与山峰——月陆；但颜色发暗的区域，他看不清楚，于是想当然地认为，月亮也许和地球一样，既有“枯藤老树昏鸦”，又有“小河流水哗啦啦”。那些暗的区域看上去与地球上的海洋相似，伽利略就给这些区域，起了一些江河湖海的名字——大的叫海或洋，小的叫湖或沼，还有溪。有的海伸向陆地内部，根据地球上的习惯管它们叫湾。

月海是月面上宽广的平原，颜色较深，对太阳光的反射比较弱，约占月球表面的 17%。月球上主要的月海共有 22 个，包括雨海、静海、云海、冷海、风暴洋等。其中 19 个分布在正面，约占正面半球的一半，尤以北半球的月海分布更为显著；背面只有东海、莫斯科海和智海三个小型月海。

看来这里有不少游泳迷，听到“海”字把泳衣都拎出来了。不过，月海里没有水，好比月饼里没月亮一样。但事到如今，名字已经没法改了，这些黑暗的地方至今都叫月海，实际上是玄武岩岩浆冷却后填充的大型平原，大多数呈圆形而且是封闭的，四周被山脉所包围，类似地球上的盆地。其中，最典型的例子是雨海，它的四周环绕着亚平宁山、高加索山、阿尔卑斯山、朱拉山和喀尔巴阡山等山脉——简直就是欧亚大杂烩！

月海的地势比月陆要低得多。静海和澄海比月球平均水准面（相当于海平面）低约 1700 米，湿海低约 5200 米，最低的是雨海东南部，最深处比平均水准面低 6000 多米。月海平原上常见一些岭形的隆起，就像海怪从水里露出的后背，不过碰到它们并不会被吞到什么肚子里，因为这只是一种称为海岭的地理结构。

从地球上只能看到月球的正面，看不到背面。正面以地形平坦、颜色较暗的月海居多，背面则分布着密集的撞击坑，地形更古老、更崎岖。

冥顽不化的月岩

现在，我们可以捡一块月球上的石头看一看，与你在地球上看到的石头有什么区别吗？是不是用肉眼感觉不出什么不同呢？

在六次登月任务中，航天员已经收集了 382 千克的月球岩石，并进行了细致的研究。正如你们看到的，它的组成与地球岩石非常相似。根据放射性同位素的分析，我们知道月岩形成至今已经有 43 亿年了。

“火星叔叔，地球上最古老的石头有多少岁了？”

“……去，回家查资料去。”

“哪位去过地质博物馆？没去过？也没关系，山总爬过吧。”

在野外，我们可以看到，地球上的岩石丰富多样，有火山喷发和岩浆作用形成的火成岩，有高温高压下发生变质作用形成的变质岩，还有湖泊、海洋中沉积形成的沉积岩。相比之下，月球比地球变化少，岩石也比地球上简单得多，只有火成岩。

“月球上的石头值钱吗？”

“这……”

虽然，火星叔叔曾经亲手触摸过月球岩石，也曾经研制出模拟的月球土壤，但还真没想过值多少钱。在火星叔叔心中，这些都应该是无价之宝。

从月球岩石的元素组成来看，也没有超出元素周期表的范围。地球上有的所有元素，都可以在月球岩石中找到。

与地球一样，月球岩石也是由矿物和元素组成的。月球岩石中的矿物并没有什么别出心裁的地方，绝大部分地球岩石中都有。只有静海石等少数几种矿物，是地球上没有的。但特殊之处在于，月球岩石的形成过程中没有水的参与，所以月球上没有沉积岩，也就是没有砂岩、页岩、石灰岩等。月球岩石中也没有与水作用有关的黏土矿物。

所以，想用月球上的石头发财有点难噢！

月面实拍图

由于月岩都是在高度缺氧的环境下形成的，所以月岩中的元素都是还原状态，甚至还有零价的金属铁，也就是说，月球环境有一个优点，金属铁块可以在那里放心地存上亿万年，也不会生锈。不过，如果带到地球上，一定要保存在纯氮气的环境中哦，千万不可以接触空气，否则会生锈哦。一旦接触了空气，这些珍贵的月球岩石就会被污染，科学价值也大大降低了。

18 年之约

虽然登上了月球，但像在地球上一样，我还要上班，不能闲着。

月球和地球，就像家里的两口子，虽然各自经济独立，但又在一起过日子。它们相互影响，构成了一个行星系统，叫作地月系。

知道什么叫忙得团团转吗？说的就是月球，她很忙。除了绕地球公转，月球本身还在自转。而地球又带着月亮，一起绕着太阳转。记住，月亮也是绕太阳转的。小圈，中圈，大圈，一共转三个圈。

“这位大妈，停！别转了，这可不是广场舞里的‘左三圈，右三圈’！”

月球沿着椭圆轨道绕地球运动，称为月球的公转。月球绕地球运行的平均速度为 1.02 千米 / 秒，绕一圈的时间不到一个月，即 27 天 8 小时。至于这个数为什么和我们的公历不一样，那得问自恋的古罗马君王，他是怎么把自己和天体运行扯到一块去的。我们还有更重要的事，先不听他们自吹了。

地球 - 月球 - 太阳，它们仨分分合合，大约是 18 年，也就是每隔 6585 天，地球、月球和太阳都回到与原来完全相同的位置，这一过程称为沙罗周期。换句话说，同一地点要等 18 年，才会再次出现完全相同的月食。

月球和地球之间的平均距离约 384400 千米，离地球最近的近地点是 356410 千米，离地球最远的远地点是 406700 千米。你看下面这张图，地球可没在正中心。如果谁非要让大家都合他的心意，以他为中心，那他一定是真傻——他以为自己比地球还厉害吗？哼！

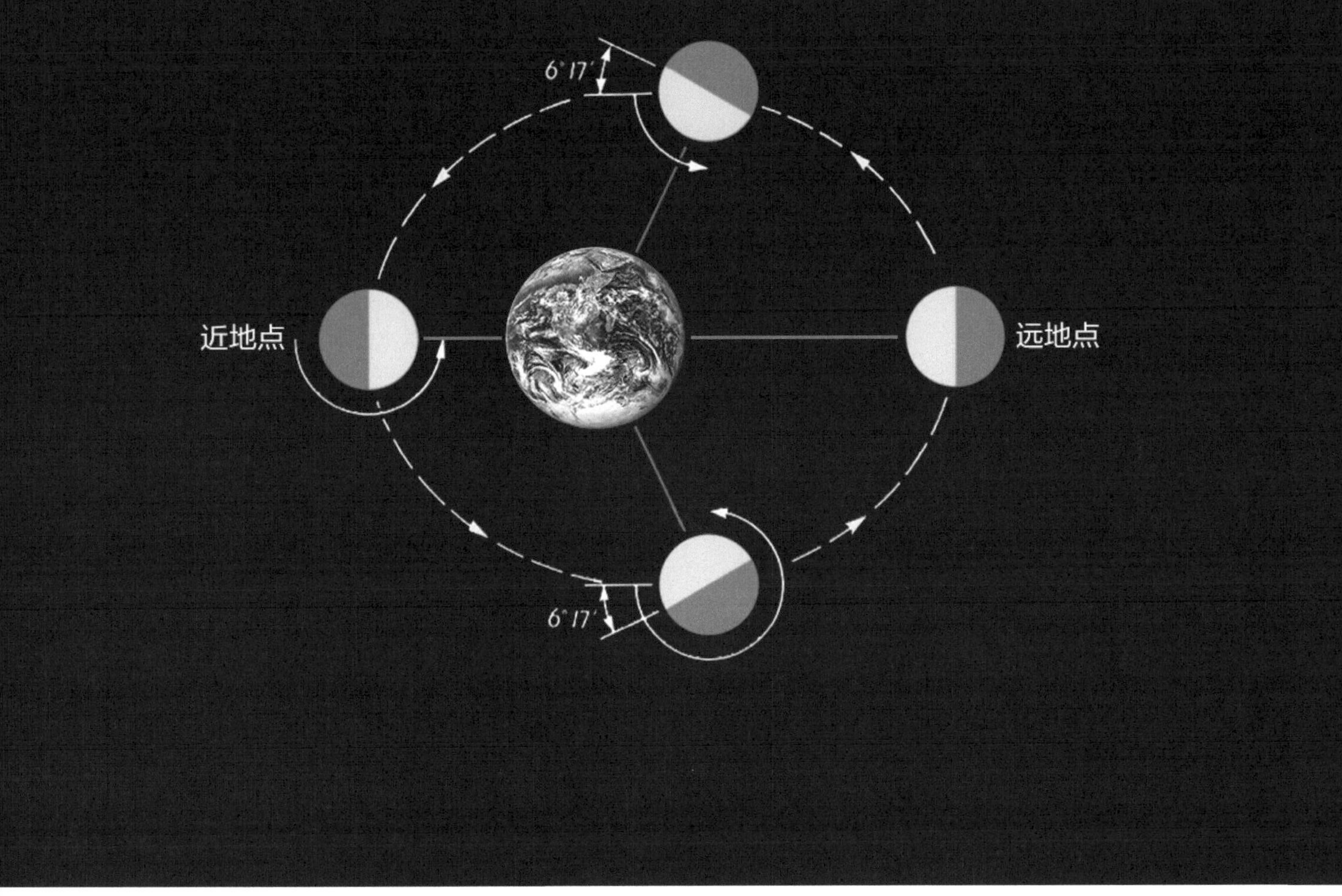

月球绕地球运动的椭圆轨道

如有雷同，纯属巧合

各位，不瞒你们说，我们此刻正站在月球的“脸上”。作为一颗圆润而又旋转的球体，怎么保证我们不是在对着它的后脑勺微笑呢？月球为什么会出现正面和背面？为什么我们无法从地球上直接观测到月球背面？这又是怎么回事？

原来事情就是这么巧，月球的自转周期与公转周期完全相同，即都是 27.32166 日（27 日 7 时 43 分 11 秒），这个周期叫恒星月。月球自转和公转的方向也相同，都是逆时针方向，说明月球公转一圈的同时恰好只自转了一圈，结果使月球总是以同一面对着地球。可我很担心一件事，不知道它正对地球的“脸”这么灰黑，是不是被地球上的雾霾熏的？嘿嘿，火星叔叔和大家开玩笑的，其实是因为月球背面以月陆为主，所以明显要白净得多。

地球上看不到月球背面？你要是对一个天文学家这么说，他就不干了。实际上，地球人还是可以看到一点月球背面的。从地球上大约可以观测到整个月球表面的 59%。这是由于月球的轨道是一个倾斜的椭圆形轨道，它在不同的轨道位置有时会抬头，有时又会低头。人们把这种“抬头”“低头”的运动变化，称为月球的天平动。

好奇害死猫，人类就是淘气，非想看人家后脑勺。1959 年，前苏联“月球 3 号”探测器绕月球运行时，首次拍到了月球背面。2018 年年底，“嫦娥四号”首次登陆月球背面，人类与月球背面的第一次亲密接触，就这么给了中国人。

如何把“狼人”逼疯

“我们这批旅客里没有混入‘狼人’吧？”

开个玩笑！我为什么要这么问呢？在电影《黑夜传说》中，迈克尔会在月圆之时从人变为狼人，为了演好狼人，主演斯比德曼每天要忍受长达 5 个小时的化妆煎熬，晚上收工后还要一个半小时才能卸完妆。每天在“人”和“狼”之间来回折腾，不疯也得累趴下。

接下来要说的问题，可能会把大家逼疯。刚才我说了月球自转一周的时间，等于一个恒星月（27.32166 日）。或许有人会问：月球是卫星，它的自转又关恒星什么事？为什么叫恒星月？原来，恒星在天球上的位置恒定不变，月球的公转周期以恒星的位置来标定的。当月球从某颗恒星附近出发，又返回到该星附近同一位置，其中的时间间隔就是一个恒星月。

由于自转，在月球上也像地球一样，有白天和黑夜之分。而月球上的一昼夜，等于一个朔望月，也就是相同月相之间的间隔（如两个满月之间），代表月相变化的周期，为 29.530 天（历时 29 日 12 小时 44 分 2.78 秒）。在月球上的绝大多数地区，一个白天相当于 14 天半，一个黑夜也相当于 14 天半。恒星月和朔望月的长度不同，“朔望月”比恒星月更长。

“停！火星叔叔！就算‘狼人’不疯，我们正常人也要疯了。就一个月球的自转，出现两个时间，两个概念，我们要怎么分呀！”

“别急，让我来给你们慢慢解释！”

之所以时间长短有稍许不同，相差近两天，是因为他们的参考对象不同。恒星月的参考对象是恒星，由于恒星的位置十分遥远，地球与恒星间的相对位置移动可忽略不计。因此，恒星月是月球绕转地球的真正周期。朔望月是以太阳为参考点的，地球的公转不可忽略，月球必须多公转约 30 度，才会达到“朔”的位置，所以用的时间会长一些。

所谓“朔”，古人把完全见不到月亮的一天称“朔日”，定为阴历的每月初一；把月亮最圆的一天称“望日”，为阴历的每月十五（或十六）。从朔到望，再到朔，就是阴历的一个月了。

原来，月球上的“一天一夜”，就是我们地球上看到月亮的“一圆一缺”。

从地球上看，月球是天空中除太阳外第二明亮的天体，在一些国外文化中几乎是女皇一般的存在。但实际上，月球是低质量的玛丽苏（漫画、小说作品中近乎完美的主角形象），“本身不发光，全靠太阳光”。太阳赋予的主角光环，才使它显得魅力十足。而且，这位玛丽苏的质量不是一般低——迎着太阳的半个球明亮如镜，而背着太阳的半个球黑得像地狱一般，让人怀疑自己是不是瞎了。

“是不是每个月，月亮和太阳约会一次，就会摆幅臭脸给我们地球人看呀？”

哈哈，这位男士，你这么说还真理解到这其中的精髓了。告诉大家，月亮的脸即便不是“臭”的，那也是灰的、黑的，反正都不会好看到哪儿去！

被训红的月亮脸

就像刚才那位男士说的，每个月，月亮会与太阳约会一次，给我们地球一张黑脸，而离开地球的视线。当然，月亮是逃不出地球手掌心的。每当地球位于日月之间时，地球就会借此机会，当着太阳的面好好地“教训”一下月亮，甚至“训”红它的脸。

此时，月球进入地球的阴影中，被地球所遮掩，出现月食。在月球轨道处，地球本影的宽度比月球大，约为月球直径的 2.7 倍。因此，月食只有全食和偏食两种，不会出现环食。月球全部钻进地球的本影，就会发生月全食；月球从地球本影的边缘掠过，只有一部分进入本影，就会形成月偏食。除了本影外，地球也有半影，此时，从月球上只能看到太阳的一部分，看不到整个太阳。月球落入半影区时，会形成“半影月食”。

与日全食一样的是，月全食也有相同的五个阶段（初亏、食即、食甚、生光、复圆），从月亮被“吃完”的食即，到再次生光的全食，时长超过一小时。朝向

月相的形成原因

月球的半个地球上，不同地区的人们看到月食的时刻和情况完全一样，正如舞台灯光从渐暗至熄灭的过程，对剧场内的所有观众都是一样的。不过，相比日食，月食的情况看着比较糊弄。日食的时候太阳可是彻底变黑了，而当月球的一部分进入地球本影时，这部分月面只是变暗，并不会彻底变黑；当月球整个进入地球本影时，由于太阳光穿过地球低层大气，受到折射后进入地球本影，投射到月球上，使月球银白色的脸被“训红”，表现出红铜的颜色，这就是地球发出的最强烈的警告。警告它老老实实跟着自己，不要有什么二心。

从地球上看，月球自西向东运动，它的东边先接触地影，因此月食总是从月轮的东边开始。当月球进入地球的半影，形成半影月食，但这引起的变化实在

月食的变化过程

第二章 明月几时有

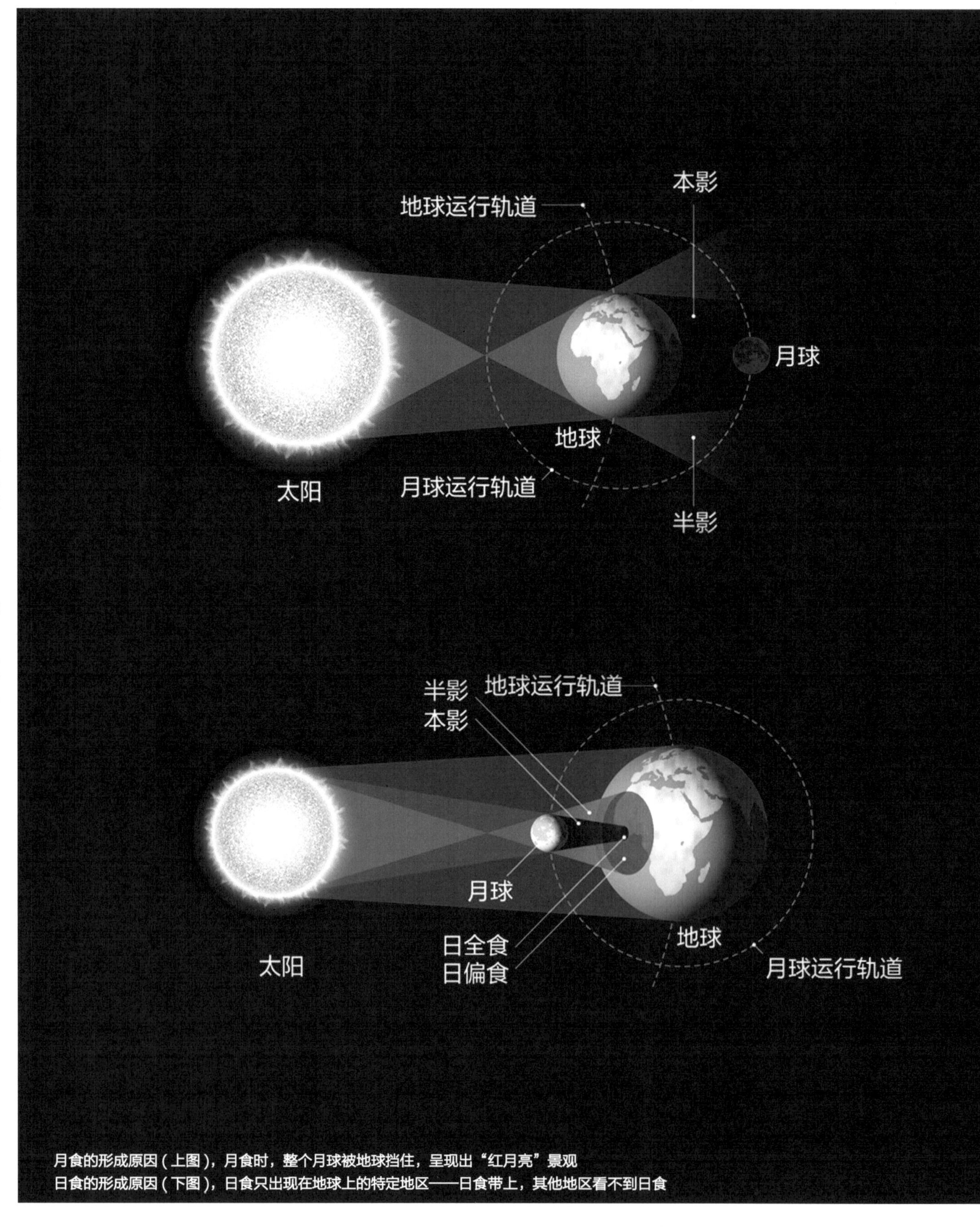

月食的形成原因（上图），月食时，整个月球被地球挡住，呈现出“红月亮”景观
日食的形成原因（下图），日食只出现在地球上的特定地区——日食带上，其他地区看不到日食

太小，连天文爱好者都看不出来，以为是阴天导致的“苦瓜脸”。

2. 月亮之上

冰火两重天

刚才有人别出心裁，想晒“月光浴”，墨镜、毯子和防晒霜都准备好了。

对此，我想告诉大家，月球上昼夜的平均温度为20摄氏度，非常宜人。

“那快走吧，找有阳光的地方晒晒去！”

“别急，我还没说完呢！”

月球上的温度昼夜变化很大，白天气温最高点130摄氏度，到了夜间一步蹬空，最低温度会降到零下110摄氏度左右。而且，不管白天还是黑夜，只要是太阳没有照到的地方，就和晚上一样冷。所以，山峰的向阳面比火焰山还要热，不仅能摊鸡蛋，还能把鸡蛋烤煳；而翻过山的背阳面却能把企鹅冻成冰雕，这都是因为没有空气来传导热量导致的。地球上最冷的地方也就零下89摄氏度，那还是在南极最冷的“冰点”上测到的。

不过，话说回来，那位朋友准备的毯子还真是个好东西，如果是被子就更好了——正是由于月球不像地球，有大气层这种好用的被子，才会早上热得快要“爆炸”，到了晚上，又只能抱紧自己瑟瑟发抖。尤其是月食的时候，由于受到地球的惩罚，月球表面迅速冷却，2小时内温度下降可达250摄氏度。

“现在，我们这个位置特别适合仔细观察月球土壤——哎，不要兑水玩泥巴，好好听我讲！”

由于没有大气层阻挡，宇宙中多种天体发出的各种辐射可以直达月球表面，并与月壤相互作用。其中最厉害的是太阳风、太阳耀斑和银河宇宙线，这些射线的强度都比地球上要强得多。

“我还想趁现在离得近，把自己的皮肤晒成古铜色呢！唉，看来是不行了。”

“还是离远点吧，毕竟，要晒太阳也不能趴在太阳上晒嘛。”

哦，对了，由于这些射线的强度和种类远远大于地球，所以，刚才想晒“月光浴”的同志们注意啦——防晒霜不管用的，去哪儿都要穿上专业的防护服才行。

穿着厚厚航天服的美国航天员

你是鱼，你才是鱼！

我们知道，声音是通过介质传播的，气体、液体和固体都可以传播声音。而且，声音的传播速度还与温度有关。在地球的环境条件下，声音的传播速度大约是每秒 340 米。我们知道的超音速飞机，就是飞行速度超过音速的飞机，在军事上有很重要的地位。

可是，月球属于超高真空，没有介质来传播声音。如果两名航天员登上月球，非要倔强地靠嘴对话，那就只能像不同鱼缸里的两条鱼一样干瞪眼，光看对方张嘴吐泡泡了。如果在月球上扔下一颗炸弹，虽然能炸开，但它的气势却被灭了不少，因为那颇有气势的空气冲击波和招牌爆炸声，都没有了。

当然，咱们都不是鱼，咱们现在对话都是通过麦克风。麦克风把声音信号转换成电信号，然后将电信号传递给音频设备，音频设备再将电信号转换成声音信号，才能被你们听到。由于登月飞船内充满了空气，所以一旦回到飞船，我们又可以像在地球上一样进行自由对话了。

“特别提示，长话短说，别煲电话粥！其他人还等着呢。”

天黑，请闭眼

现在，想到月球上来看星空的你们是不是很沮丧？即使在白天，天空也总是黑的，啥也看不到。

20 世纪 70 年代风靡全国的一套科普书《十万个为什么》，其中有一个问题：天空为什么是蓝色的？这是一个大家很感兴趣的问题，这本书提供的答案是：空气中有许多微小的尘埃、水滴、冰晶等物质，当太阳光通过空气时，波长较短的蓝、紫、靛等色光，容易被悬浮在空气中的微粒阻挡，光线发生散射，使天空呈现出蔚蓝色。

但这个答案是二百年前的解释，来自英国物理学家丁铎尔。不过它现在落伍了。

其实，虽然所有颜色的光子都会被反射吸收，但波长较短（偏蓝）的光子，比波长较长（颜色较红）的光子，更容易被反射吸收，加上空气中除了灰尘、水滴和雾霾颗粒外，还有大量比可见光波长短很多的气体分子，比如，地球大气的主要成分氧气和氮气，它们对光线的瑞利散射①使得天空变成了蓝色。

“那月球上的天空为什么是黑色的？”

“这个原因我先前提到过，你们想想。”

当然是月球上没有大气啊。月球上是高度真空，也就没有瑞利散射。也因此，从月球上看星星，星星不会因为大气抖动而一闪一闪。同样是这个缘故，星星的边缘很清晰，看起来也要小得多，就像针尖那样锐利，肉眼反而不容易识别。而且在白天，月球表面的光线很亮，相比之下这些针尖状的星星非常暗弱。从月球上看星空，都是一片漆黑，约等于，全黑。

---

① 瑞利散射：微粒尺度远小于入射光波长时（小于波长的十分之一），它们的散射光强度强度与入射光的波长四次方成反比，这种现象称为瑞利散射。

没有，还是没有

既然现在外面黑灯瞎火的，那我们就来个提问时间吧。

“火星叔叔，月球上有春夏秋冬吗？”

与地球相似，月球的自转轴也没有完全垂直于黄道面，而是倾斜了 5 度。也就是说，月球自转轴与黄道面的夹角为 85 度，近似垂直于黄道面。因此，太阳直射点在月球上的位置，在南纬 5 度到北纬 5 度之间变化，基本上在赤道附近——所以你猜猜月球上有四季变化吗？

“没有。”

“那月球上有风霜雨雪吗？”

“你再猜猜？”

“我猜还是没有。”

月球没有大气，也没有水，也就没有风、霜、雨、雪和氧化作用，没有河流、冰川、湖泊、海洋的侵蚀和搬运作用。由于没有大气层对光的散射，如果你在月球上行走，本该在阳光明媚的日子里仰望天空，却是漆黑的天幕，遍布着根本看不见的星斗。总而言之，啥都没有。

实际上，这是整个太阳系的风纪问题。在太阳系的 160 多颗卫星中，除了土卫六和海卫一这两股清流，大家都是一副蓬头垢面的样子。不过，月球在刚形成时其实想当个美男子，内部曾经释放出大量气体，形成了浓密的大气层。但由于质量太小，心有余而引力不足，这些大气最终像一个饱嗝似的，在一鸣惊人之后，慢慢消失在茫茫宇宙中了。

由于没有大气，你还需要佩戴密封的空气面罩，不然你的头就会变成气球。

“唉，月球旅行听起来超酷，实际真是超苦呀！”

“反正哪儿也不想去了，那月球的两极什么样，请火星叔叔讲给我们听吧。”

地球的两极是非常寒冷的世界，整年白雪皑皑。即使在夏天，南极内陆地区的温度也在零下 20 至零下 35 摄氏度，寒冷的冬季最低温度可以达到零下 70 摄氏度。北极圈内的温度也很低。所以，南北极科学考察的时候，常常要用破冰船才能顺利抵达。

与地球的两极一样，月球的两极也非常寒冷。但在月球的极区，太阳入射角比在地球上还低，太阳像一位令人费解的客人，在地平线上远远地打望一下就走了，也许它也不愿意看到月亮，让地球产生误会吧。

特别值得一提的是，在月球的南北极，太阳在空中的高度很低，一些深坑，太阳连扫都不扫一眼，这些区域成为永久阴影区。在这些深坑里，温度可达零下 230 摄氏度，最新探测到月球上最冷地区的最低温度，甚至可达零下 247 摄氏度，这也是太阳系中最寒冷的区域。要知道，零下 273 摄氏度就是绝对零度了，没有比这更冷的了。科学家们推测，数十亿年来彗星撞击月球携带的冰，很可能在这些寒冷地区得以保存。所以，这些永久阴影区，也是月球上可能有水的地方。

“原来月亮这么爱亲近太阳，是需要寻找太阳的温暖呀！”

“嗯嗯，大叔您说得靠谱！”

3. 月如无恨月常圆

近亲还是远邻

地球上每天都能看到月亮，时间长了，不是亲戚也总觉得有点什么关系。到底是什么关系呢？

与大多数行星和卫星之间的关系不同，地球和月球的大小是最接近的，它们之间的直径比是 4:1，就像是妈妈牵着孩子走。然而，很多人怀疑它们的亲子关系，要给它们做“亲子鉴定”。他们认为，月球并不是围绕地球旋转的，而是与地球一起，围绕着太阳旋转的“双行星”系统。这样看来，月亮和地球又是姐妹关系了。还有人说，它们根本就是两个陌生人，后来才偶遇认识的。这三种观点都有一定的证据支持。

（1）月亮和地球是母子关系

原始地球的温度很高，完全处于熔融状态。由于地球自转速度很快，在离心力和太阳引力的作用下，从地球上分离出一块物质，慢慢形成月亮。也就是说，月亮是从地球身上掉下来的一块“肉”，是地球母亲的孩子。这个理论叫“分裂说”。

（2）月亮和地球是姐妹关系

原始的太阳系是一团由气体和尘埃组成的星云。月亮和地球在太阳星云的同一区域形成，但月亮形成时间比地球稍晚，月亮是地球的妹妹。地球形成时，铁、钛等较重的金属元素聚集成地球的原始胚胎，残余在地球周围较轻的非金属元素聚集形成月球。所以，现在月亮的密度比地球小。这个理论叫“同源说”。

（3）月亮和地球原本就是陌路人

月亮原本是一个远离地球的独立天体，只是后来“不小心”进入地球附近的轨道，被地球的引力俘获，成为绕地球运转的卫星。这个理论叫“捕获说”。

1976 年，科学家提出，月亮起源于一次大碰撞。由于得到越来越多的证据支持，这一大碰撞假说受到大多数科学家的认可。他们认为，地球是月球的母亲。原始的地球与一颗火星大小的天体相撞后，碰撞溅射出的物质形成了月球。根据月球岩石的放射性同位素测定，这次灾难性的碰撞发生在地球形成约 6000 万年之后。

“地球与月球既是近亲，又是远邻！”

“这位阿姨的观点，听起来也有道理，但证据呢？”

中国月球基地（喻京川 作品）

早知潮有信，千里共婵娟

“火星叔叔，月球上太没有意思了，我想回地球了。我家住在海边，真想坐在海边吹吹风，听听海浪的声音呀！那景色好美！”

“别急着回去呀，既然提到海，我就给你们讲讲大海与月球的关系吧。”

你们都知道，海水的水位是经常变化的，时高时低。在白天出现的海水水位变化叫“潮”，晚上出现的叫“汐”。别看涨潮时海水张牙舞爪，但它的涨落仍然顺从自然规律的支配。海水每天都有两起两落，两次涨潮所经过的时间平均是 12 小时 25 分。

而这一切的幕后推手、“弄潮儿”的鼻祖，正是月球。

根据万有引力定律，两个物体之间的引力大小和它们之间距离的平方成反比。所以，朝向月球的半个地球所受到的引力，大于背向月球的那半个地

嫦娥 3 号登月（喻京川 作品）

球所受到的引力。因此，离月球最近的点所受到的引力最大，在此点的海水被月球吸引，朝向月球的半个地球上的海水都会趋向月球方向，海水就会上涨，这就是我们常说的涨潮。相反，地球上离月球最远的点受到的月球引力最小，海水有后退的倾向，称之为退潮。

由于地球自转，一日之内，除南北极和个别地区外，各地的海水均会趋近月球然后远离，出现两次涨落，每次间隔 12 小时 25 分，共 24 小时 50 分。所以，一个地方每天潮汐涨落的时间都要推后 50 分钟。

影响地球的天体不止月亮，光芒万丈的太阳更是鲜明的存在。比起月球来，太阳对地球的引力要强得多，也会使地球产生潮汐。因此，潮汐有太阴潮（月球引起的）和太阳潮之分。但是，你以为月亮是狐假虎威吗？并不。月球引力对地球潮汐的影响，大约是太阳引力的两倍，因为潮汐的大小并不完全取决于引力强弱的绝对值，而主要取决于海洋和地壳所受的引力差。太阳虽然有强大的引力，但它是真真儿的“天高皇帝远”，施于地球的起潮力只有月球的 1/2.17。不过，终究还是团结的力量最大，每逢“朔”（新月）和“望”（满月）时，太阴潮和太阳潮会同时发生，两者叠加就形成了最大的大潮。每年八月十八的钱江潮就是这么形成的。可要是它俩非要较劲，每逢上弦月和下弦月时，太阴潮的涨潮和太阳潮的退潮同时发生，任凭月亮再有人格魅力，也掀不起那么大的浪花了。

如果你以为月球和太阳只会吸水，那就太小看它们了，它们可是海陆空全能的！它们对地球大气的摄引，会产生大气潮。只不过，由于起潮力还和被摄引物体的质量成正比，而大气密度比海水小得多，大气潮远不如海潮显著，只有用极精密的仪器测量才能发现。

地壳岩石圈同样会产生固体潮，在起潮力的摄引下，整个地壳每天升降达几十厘米。

“咦，我怎么没感觉到啊。”

“你才占多大的地啊？”

轮回，归来

虽然地球和月球天各一方，看似互不打扰，其实它们还总是相互影响着。

随着时间的推移，月球受到地球引力的牵制，自转速度逐渐减慢，逐渐远离地球。地球的自转速度也因为能量消耗而减速。十亿年前，月球离地球比现在更近，大约为 20 万千米，20 天就能绕地球一圈。那时，地球上的一天大约为 18 个小时，而不是现在的 24 小时。

月球自转和公转的周期相等绝不是偶然的巧合。它不时感慨，自己曾经健步如飞，内部有岩浆发育，表面有熔岩流。但地球强大的起潮力使月球产生了固体潮，而潮汐摩擦让月亮像跑步时被拽住了裤子一样，越来越力不从心。直至月球内部逐渐冷凝固化，当自转周期等于公转周期，月球永远以同一面对向地球时，潮汐摩擦不再起作用。好比没人拽裤子了，再不用担心裤子掉下来影响奔跑速度了。

摩擦都会消耗能量，潮汐摩擦不仅使月球自转减慢，还会影响到地月关系的演变。现在，地球自转的周期只有 24 小时，比月球公转的周期短得多，潮汐作用就会引起地球岩石圈的变形和质量分布的变化，而质量分布变化产生的力会使月球运动加速。一旦加速，它便逐渐螺旋式地远离地球，月球绕地球的公转周期会更长，每年的生日蛋糕会来得越来越晚。目前，月球正以每年 3.8 厘米的速度离开地球。同样的道理，潮汐摩擦也会使地球的自转速度减慢，因为潮汐传播的方向是自东向西，与地球的自转方向背道而驰。

每一百年，地球的自转周期约增加 0.00164 秒，大约 50 亿年至 100 亿年后，地球上的一天将和一月相等，大致等于现在的 43 天。届时，地球以同一面朝向月球，太阴潮停止传播。那时，地球上的一昼夜比一年仍短得多。而一旦一天的时间超过一个月的长度，太阳潮的影响又会开始。在这种情况下，由于地球自转和月球公转都是由西向东，而地球转得比月球慢，所以之后“太阳打西边出来”就从感叹句变成陈述句了。然而在海洋上，太阳潮跟随月球自西向东传播，使地球自转加快，一昼夜的长度又开始缩短，月球又螺旋式地往回靠拢了。

“听着有点晕，月球跑了，还会回来吧。一天越来越长，还让不让人睡觉呀！”

“越听越害怕了，月球不会要飞转起来了吧。我们会不会燃料不够，回不到地球上了，还是快走吧！”

“放心吧，这位姑娘，我们会赶在月球加速之前，回到地球上去的！”

4. 月宫探宝

挖矿还是挖坑？

“你们总想回地球，可别看月球荒凉，地球上人口满当后，开发商肯定都过来！”

自从科学家想利用钛铁矿生产氧气和水，从而支持人类在月球上的长期居留，最基本的生存问题就解决了。比如，我们若想在月球上制造天文望远镜基座，或发射火箭的平台，原本需要从地球运输大量工程材料，现在只需要利用黏结剂黏结月球上的松散土壤即可完成，大大降低了成本，是利用资源来节省成本。月球这么大，怎么能不提前来看看？

但比起造水、造台子，还是挖稀土听着更高端。稀土有“工业黄金”之称，由于其具有十分优良的光、电、磁等物理特性，能与其他材料组成性能各异，品种繁多的新型材料。其最显著的功能，就是大幅度提高其他产品的质量和性能。在军事、冶金工业、石油化工、玻璃陶瓷、新材料等方面具有十分重要的用途。地球上的稀土资源日益紧张，商务部报告甚至称，中国的稀土资源储备仅能维持 20 年的消耗。物以稀为贵，尤其稀土的称呼中本身都带上“稀”字了，不去月球上挖一把，仿佛还真有点对不起家里珍藏的那瓶 82 年汽水。

然而，与其说挖矿能致富，还不如说这是给自己挖坑。虽然月球上的克里普岩中富含稀土元素，含量比地球上的稀土富矿要高得多，但地球实在没有必要从月球上进口稀土。一方面，地球和月球离得远，还没有外星人管包邮，强行搬运就会导致稀土价格虚高，那时黄金见了稀土都忍不住自惭形秽。另一方面，即使地球的稀土资源消耗殆尽，人类凭借自身智慧肯定可以找到替代稀土的材料，也不需要远涉 40 万千米到月球上去挖稀土。

“好吧，刚被我提起兴趣的旅客，——来，喝杯汽水冷静一下，冰镇的哦。”

外星人来了没有？

“来到月球对大家来说是不是很失望？如果有一个参观外星人基地的项目，是不是会让你们兴奋起来？”

一些科幻小说称，月球背面是外星人的基地。从月球背面图像中，科幻迷们识别出了外星人的宇宙飞船。甚至有“火眼金睛”说，美军在第二次世界大战期间失踪的轰炸机、在百慕大三角失踪的飞机和轮船，也都被外星人劫持到了月球背面。有的文章则仿佛登月航天员附体，声称在月球背面见到了可能是外星人遗留下的奇特物体，使美国人从此停止了登月。也有自命不凡的专家认为，月球内部是空心的，里面是外星人居住的巨大城市。这些传言甚至堂而皇之地登上了正规出版物，看了之后止不住人心惶惶的。

这些传说的根源在于，从地球上观测月球时，是看不到月球背面的绝大部分区域的。在没有发射探月飞船之前，月球背面一直是一个谜，这就让脑洞大到能容下黑洞的好事者，由着性儿地展开了遐想。如今民间流传的关于月球背面的故事，其实正是当时的陈年老汤。

虽然，迄今为止还没有飞船登陆过月球背面，但实际上我们已经获得了大量的月球背面探测数据，包括地形地貌、物质成分、表面环境、内部结构等详细信息。

“所以，外星人出现了吗？”

“没有。”

1959 年，前苏联发射月球 2 号探测器，第一次拍到了月球背面的图像。20 世纪六七十年代，美国和前苏联的探测器多次获得了月球背面图像。阿波罗 8 号航天员以及之后登月的航天员，都从上空亲眼目睹了月球背面的景象。21 世纪以来，美国、中国、印度、日本、欧洲的探测器，都对月球进行了更高分辨率的详细探测。2008 年发射的 LRO 探月卫星拍摄的高分辨率影像，甚至可以清晰地看到阿波罗登月遗留的月球车、登月舱等。

不过，所有这些探月任务都没有在月球背面发现外星人的基地，也没有发现任何人工建筑物或人为活动的痕迹。月球背面只是一片保存了 40 多亿年漫长历史的荒凉大陆。

月球背面的流放者

现在，我们来到了月球背面。大家快挥手，这样会有更大的机会被嫦娥四号拍下来哦。呀，它没有理我们，兀自高冷地走了。

诸位可别跟它计较，它是嫦娥家族里唯一被发配到月亮后脑勺的探测器，所以大概看谁都不太顺眼。嫦娥四号是嫦娥三号的备份星，主要任务是着陆到月球背面，进行更广泛、更深层次、更系统地探测月球地形、地质、资源等信息，加深人类对月球的认识。

2018 年 5 月 21 日，我国在西昌卫星发射中心成功发射嫦娥四号卫星的中继星。2018 年年底发射嫦娥四号，成为人类第一个在月球背面登陆的探测器。

2007 年发射的嫦娥一号和 2010 年发射的嫦娥二号卫星，飞行在月球上空，其中半圈在月球正面

大秦月球车　如果将来有一天，中国的航天员把秦代的铜车马送上月球，我是不会惊讶的 （喻京川 作品）

飞行，半圈在月球背面飞行。在背面飞行时，地球与探月卫星之间的通信中断，依照惯性保持原姿态继续飞行。

嫦娥三号是着陆在月球正面的探测器，地球上可以一直与它进行通信，指挥探测器安全着陆。如果要在背面着陆，必须要与地面通信。由于月球本身的阻挡，探测器不能直接与地面进行通信。地面控制人员无法了解到飞船的运行状况，也无法遥控飞船进行各种操作。月球车或登月舱要成功着陆在月球背面，需要实时测量飞行轨道，发送测控信号，以调整降落速度和着陆姿态，才能实现安全着陆。因此，要确保嫦娥四号在月球背面安全着陆，首先需发射一颗中继卫星，建立探测器和地面之间的通信联系，通过中继卫星传输数据和发送测控信号。

“既然这么麻烦，为什么还非要把嫦娥四号送到月球背面去？”

“那里安静啊，没人打扰。”

接收遥远天体发出的射电辐射，是研究天体的重要手段，称为射电天文观测。但由于地球上的电磁环境日益复杂，手机、电脑、热水壶甚至一根电线都会产生电磁辐射，对射电天文观测产生显著干扰。所以，天文学家一直希望找到一片完全宁静的地区，用来监听来自宇宙深处的微弱电磁信号，为研究恒星起源和星云演化提供重要资料，而月球背面正是一片难得的宁静之地。

月球正面有很多暗黑色的月海，形成时间相对还比较短。背面更古老，保留着更原始的状态，有不同于正面的地质构造，对研究月球和地球的早期历史有重要价值——所以说，嫦娥四号的使命格外重要。

“你看，它听见我们讨论它好像高兴了，要给我们拍照。”

嫦娥四号是嫦娥三号的备份星，很多科学仪器基本相似，地形测绘仍然是基础目标。但嫦娥四号的探测对象和科学目标有所不同。比如，嫦娥三号上用于观测地球等离子体的极紫外望远镜，就没有必要带到月球背面去了，那里无法看到地球哦。

“好，现在跟我一起喊，茄子！”

“烧烤”计划

不瞒各位，大家这次的月球之旅相当值得。你们听说有人想“炸掉月球”吗？如果这是真的，虽然月球上没什么美景，但赶在它消失之前登上月球，该是多少人的梦想啊！

随着探月工程成功推进，“嫦娥奔月”的故事似乎有了一个全新的版本。然而，在搜索“探月”“登月”等关键词时，国外一些科学家曾经提出“炸掉月球”的疯狂想法，让一贯热爱月亮的中国人不禁头顶一凉。

当然，他们想炸掉月球，并不是嫉妒上面住着一位只有中国人才能看懂的美女，也不是因为痛恨“五仁”月饼，毁掉你三天的中秋节假期。

“炸掉月球，地球就会变成真正的人间天堂。”这是一位大学教授提出的惊人见解。

这位教授认为，地球自转轴之所以出现 23 度的倾斜，是地球与月球间万有引力相互作用的结果。正是这一倾斜，改变了阳光普照的角度，使一个半球经受炎夏煎熬时，另一个半球却在经历隆冬的磨难。如果把月球炸碎，并使碎块在太平洋靠近南极处着陆，就可以纠正地球自转轴的倾斜，把地球扶正，使阳光烤得更均匀。这样，那些季节性的气候变化就会消失，人们就可享受“四季如春”的气候，沙漠也能变良田了。

“教授，您烤的地球是放孜然、辣椒面，还是烧烤酱？”

当然，每次有人提出“炸掉月球”，“倒月派”和“保月派”就会立场鲜明地站到两边。从人数上看，“保月派”的队伍绝对是“倒月派”的 N 次方。

虽然我不是工程师，并不确切知道人类是否有能力炸掉月球，但我们现在连精确地炸掉一栋大楼都很费劲，想安全地炸掉月球那是不可能的。

如果我们炸掉月球，炸的时候将释放出巨大的能量，这些能量足以将地球脆弱的生命系统摧毁。同时，月球的碎片由于地球的吸引，将大规模撞击地球，导致地球环境灾难，人类很可能就此灭绝，地球将变成一个毫无生气的死球。6500 万年前，曾经称霸地球数百万年的恐龙由于小天体撞击而全部灭绝。2013 年年初，俄罗斯的车里雅宾斯克地区的撞击事件，只是一颗直径 18 米的小行星以 16 千米 / 秒的速度撞击，就已引起很大惊慌。而以月球的个头，碎片撞击地球

阿波罗 11 号执行任务时，拍摄的月球背面环形山的照片

将持续数万年之久，足以毁灭人类无数次——你说这还炸什么劲？

所以，之前和你们说炸掉月球，只是让你们兴奋一下，别当真啦！

想说爱你不容易

提到月球移民，我看到了诸位绝望的眼神。是呀，要移民月球，首先要解决月球上的生命保障、生活和工作等一系列问题，例如，水、空气和食物的供应，宇宙辐射的防护和月球重力的适应。其中，水是最关键的。

1998 年 1 月，“月球勘探者”号探测器发射。它环绕月球飞行了 2 个月，在南北极发现了水分子特征的信号，初步证明了月球上存在大量冰。这些冰可能是小行星彗星带来的，储量估计为 4000 万到 12 亿吨，至少可供两千人用一百多年。

有了水，电解之后就有了氧气，再从月球土壤中提取氮气，就可以合成空气，建立密闭的生态系统。通过种植植物和饲养动物，食物供应的问题就可以迎刃而解了。

生命有了保障，人们就可以开发资源，利用高真空、强辐射和低重力的月面环境，进行生命科学、天文学和高能物理等方面的研究。

美国和欧洲公布的新世纪太空计划中，最引人注目的，就是要建立月球基地，开发和利用矿产资源，并以月球为中转站登陆火星。

人类建设的空间站，总有一天会坠落到地球上。月球作为离地球最近的天体，实际上相当于一座永不坠落的“天然空间站”。月球上丰富的自然资源、独特的空间位置、特殊的环境（无水、无大气、无磁场），将吸引人类不断前往探索。随着探月工程和载人航天工程的成功实施，中国实施载人登月的时机逐渐趋于成熟，现实版的“嫦娥奔月”——女航天员登月已经指日可待。

“那我可以去吗？”

“……”

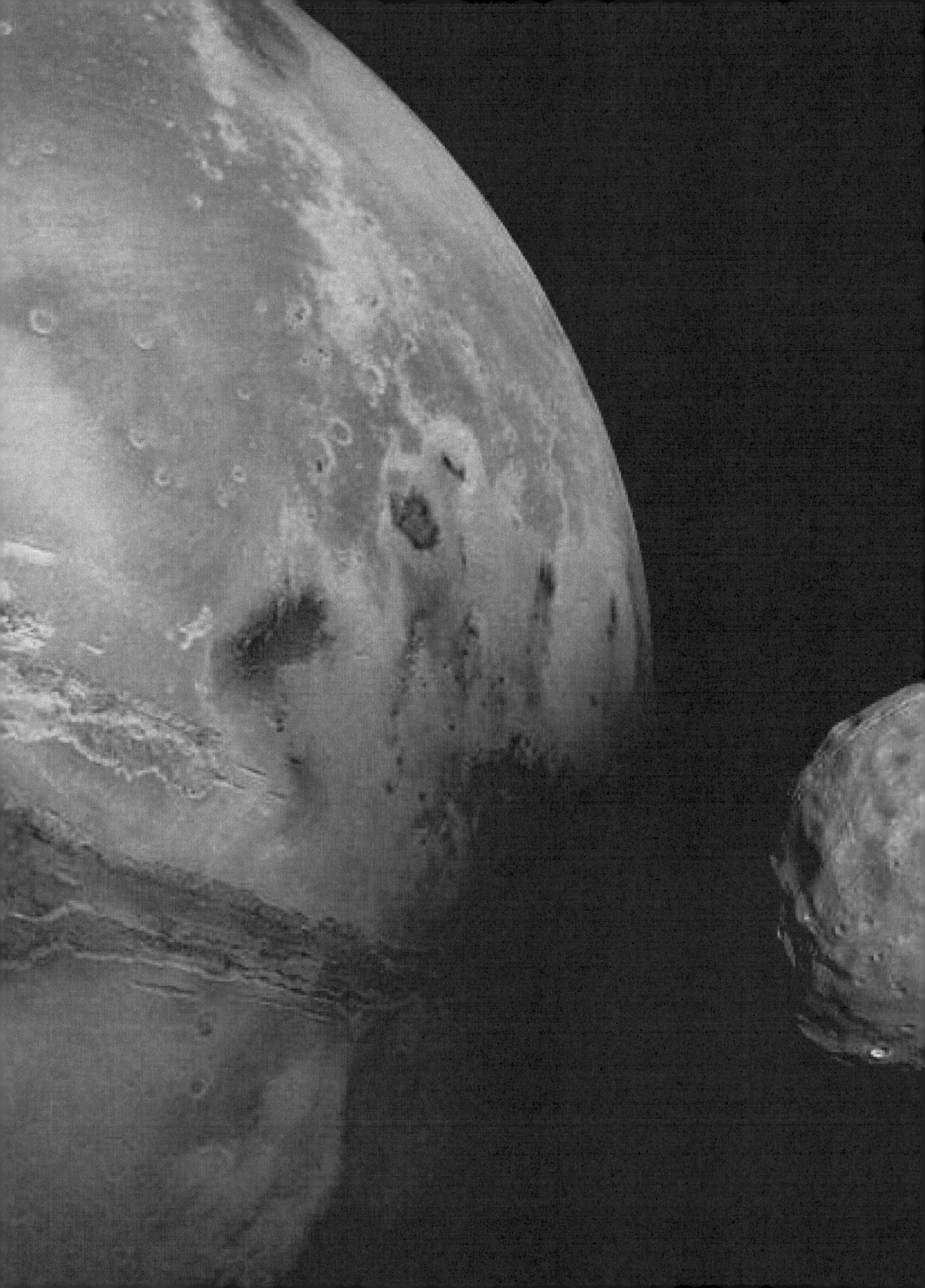

第三章
火星移民不是梦

前几天，月球那一站给大家的感觉有些闷。现在到达的这一站给你的感觉可能还会有些平淡。但在宇宙中，我们恰恰需要的是平淡。唉，为了给人类寻找另一个安身之所，火星叔叔实在是费尽了心机。这不，我把你们都带到我的家里来了。

1. 我们的邻居

在家里，如果听到隔壁有人在大声嚷嚷，心里一定很恼火，恨自己有个火气太大的邻居。虽然我们地球的邻居姓火，但它的火气并不大。

“记住，金星上没有黄金，木星上没有木头，土星上也没有土，天王星和海王星上更没有皇帝。”

火星是一颗红色星球，是距离太阳第四近的行星，在地球轨道的外侧。它离地球较近，自然环境与地球最为类似，是太阳系中与地球最为相似的行星。人类开展深空探测，首选的目标就是它。

“雾里看花，水中望月，你能分辨这变幻莫测的世界……”

这首 3·15 晚会的主题歌，原本是写给消费者识别假货的，但用在火星上似乎也蛮合适。通过地基望远镜，人们虽然也能大致观察到火星表面，但画风太朦胧，看起来太模糊，实在分辨不出看到的究竟是什么。直到 1965 年，当“水手 4 号”飞船第一次拍摄火星表面时，人类对火星的地质研究才真正开始。

火星的个头不大，直径只有地球的一半，约为 6790 千米。身体就更瘦小了，质量约为 6.42×10^{23} 千克，虽然也是很大的数字，实际上只有地球的 1/9。

人长得太瘦小，他的吸引力自然也就不大。火星的引力就很小，只有地球上的 1/3。一个 100 千克的人，在火星上只有 38 千克。

“那位女士，你现在可以放开吃了，在火星上根本不用减肥——现在你的体重连 40 千克都不到，属于营养不良，急需补充营养。”

火星叔叔出国参加学术会议的时候，最讨厌倒时差。常常大白天开着会，就呼呼大睡了，因为我的生物钟还停留在北京时间，以为是后半夜呢。等到一周后，时差调整过来，白天变得开始清醒时，又该回国了。回国后，到了后半夜又兴奋得睡不着。晕晕乎乎半个月，啥也干不了。月球上的一天比地球上长很多。但在火星上，这个问题大家不用太担心：一路上，我都是按一天 24 小时给大家安排作息的，因为火星上的一天是 24 小时 37 分钟，跟地球上几乎一样。

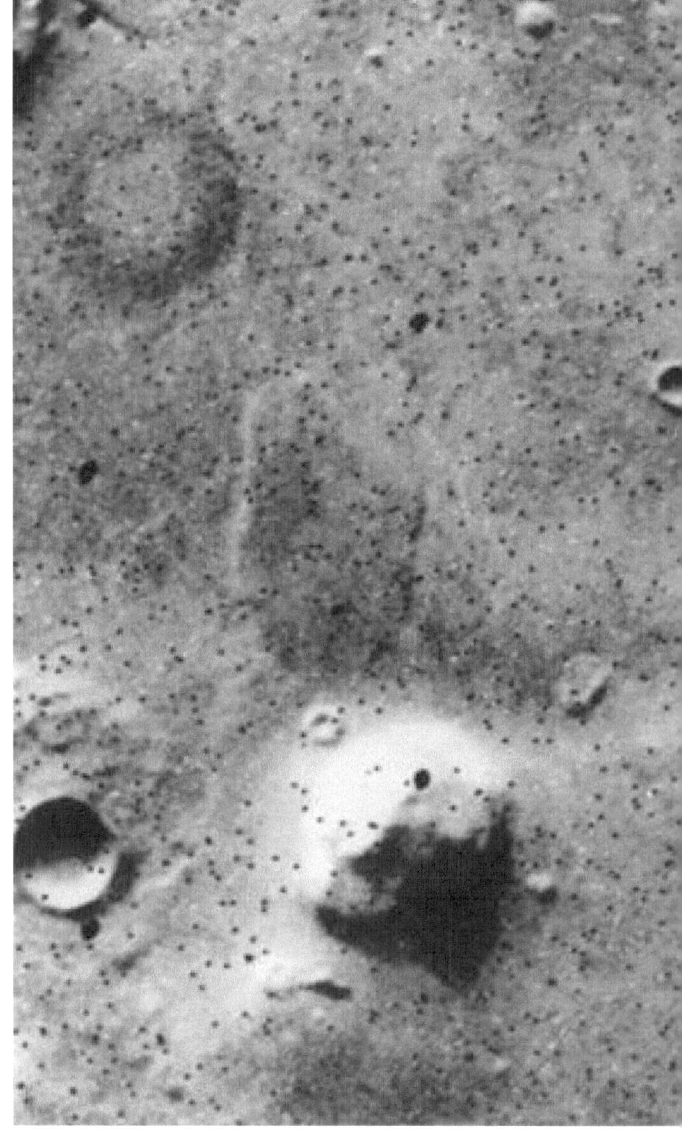

火星上的“人脸”

天高皇帝远，越远离太阳这个大领导，行星们的工作节奏就越慢。火星绕太阳一圈需要 687 个地球日，相当于地球上的 1.89 年。之所以需要这么长时间，是因为与地球相比，火星更远离太阳，与太阳的平均距离为 2.279 亿千米，是日地距离的 1.524 倍。火星绕太阳公转的轨道非常扁，除去曾经的行星——冥王星，其他行星都没法跟它比。

火星虽然小，但也有两个“小跟班”。这让只有一个跟班的地球很生气，于是，地球人就把它的两颗

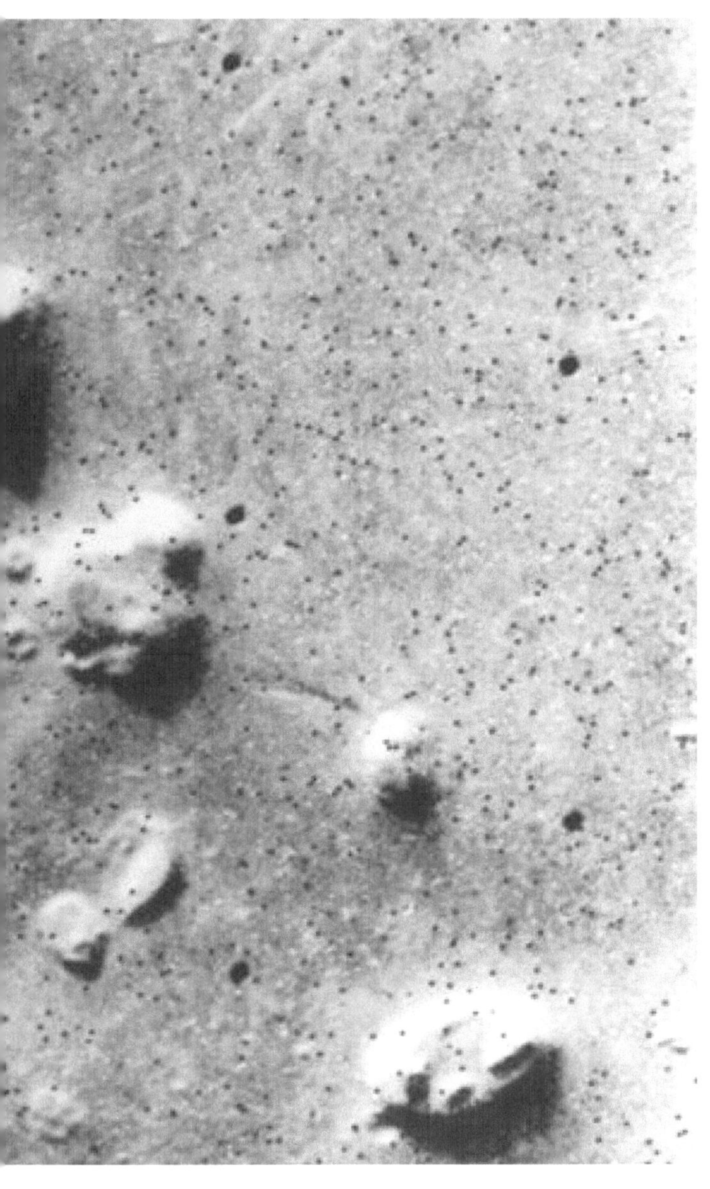

火卫一

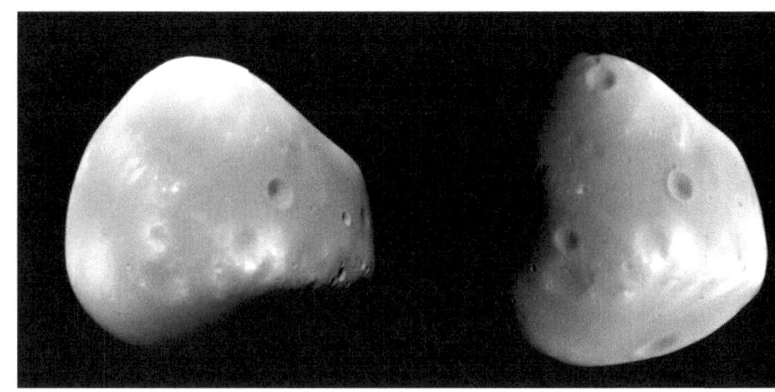

火卫二

小卫星——火卫一和火卫二，分别命名为“害怕”和“恐惧”，也就是福布斯（Phobos）和德莫斯（Deimos）。当然，这两个“小跟班”可能并不是火星亲生的，而是收养的，是从火星和木星之间的小行星带，被拉到火星周围的小行星。

各位游客，接下来火星叔叔要交代的是安全注意事项，一定要认真听。地球上的空气不要钱，是极少数人人可以免费享用的自然资源之一。但到了火星上，情况就完全不同了。不仅空气非常稀薄，而且95%都是二氧化碳，此外还有3%的氮气和1.6%的氩气。更加悲催的是，没！有！氧！气！

没有氧气你还可以吸氧，如果大气压太低，情况就没这么简单了。火星的大气压只有地球海平面大气压的1%。不戴面罩的话，你体内的各种气体和液体都会快速流失，最终会有生命危险。

现在开始给大家发面罩。各位领到的面罩上都有气压调节按钮，这个功能对火星上的生活非常实用。火星的大气压并不恒定，不同季节变化很大。北半球冬天时的大气压要比夏天低四分之一，主要是因为冬天时，空气中的二氧化碳会冻成“雪花”落下来，气压自然就变小了。

说到雪花，自然是从天下落下来的。火星上空大多数时候万里无云，但偶尔也会有云层出现，这些云层并不是水汽，而是二氧化碳凝结成的“干冰”，所以，火星上的雪不是水哦。

火星叔叔曾经参与过中央电视台的《加油向未来》节目，内容是模拟火星上的落日。当时现场观众发出惊呼：“天哪，火星上的太阳竟然是蓝色的！”

当发生沙尘暴时，许多沙尘会混入大气之中。在太阳光照射时，蓝色光的散射截面最大，经过几次散射后，仍能照射过来，其他颜色的光则会被散射掉。简而言之，沙尘颗粒的大小跟哪种光的波长最接近，它就能散射哪种光。而沙尘颗粒与红色光的波长接近，会将其尽数散射，此时我们眼中的太阳就是蓝色的了。

南方的朋友们可能很难理解，但北方的朋友们想必习以为常了吧！北京发生沙尘暴时，整个世界都笼罩在一片橙色中，但若抬头看去，你会发现太阳居然是蓝的！这和火星上的蓝色太阳有异曲同工之妙。

2. 来自红色星球的诱惑

高山峡谷，红沙漫漫

“大家知道地球上最高的山是哪一座吗？地球上最大的峡谷在哪里吗？”

你可能很快就会告诉我：不就是珠穆朗玛峰和雅鲁藏布大峡谷嘛！没错，珠穆朗玛峰在中国和尼泊尔的边界上，山顶在西藏境内，有八千八百多米高。要知道，到现在为止，人类能盖出来的最高的一栋楼，也才只有八百多米。八千八百多米，约有三千多层楼了！说起雅鲁藏布大峡谷，那就更加壮观了，它有五百多千米长，比从北京到呼和浩特还要远！它不仅很长，而且很深，最深的地方达到了六千多米。如果把珠穆朗玛峰放进去的话，也就只能露出个头而已。

“我听到了小朋友惊呼的声音，不过那位老人家却让我别扯远了，赶紧回到火星上来。您别着急啊，我这就讲。”

其实，我刚才之所以扯上地球，正是要说火星啊！把什么珠穆朗玛峰啊，雅鲁藏布大峡谷啊，和火星上的高山峡谷放到一起来比，那可差远啦！可别小看直径只有地球一半大小的火星，虽然它的个头在八大行星里只能排倒数第二，但太阳系里最高的山峰和最大的峡谷可全都在火星上呢！

“上车睡觉，下车拍照，这是出门旅游的常态。航行了这么久，我们终于可以下飞船自拍了。我猜，你们一定迫不及待地想看见这些鲜艳的红沙地和起伏的地貌。”

我们在夜空中看到的火星，是一颗红色的行星，这是因为它的表面几乎全被沙尘覆盖起来。火星上的沙子和地球上不一样，是红色的。至于为什么是红的，嘿嘿，我待会儿再说。除了红沙以外，火星上还有一个显著的特点，就是高山特别多。在地球上，超过八千米的山就已经算得上很高了，加起来也只有十几座。但是在火星上，光是高于一万米的大山就有好几座，而它们中最高的那一座，也就是太阳系的最高峰，名叫奥林匹斯山。这座山和希腊神话中神仙居住的山同名，足足有两万七千多米高，把两个珠穆朗玛峰垒起来，甚至都没有它高！

为什么火星上会有这么多比珠穆朗玛峰还要高的山呢？其实啊，这和它们的成因有很大关系。地球上的高山大多是两块大陆板块互相之间你挤我、我挤你，最后从中间被挤出来，这就叫造山运动。火星上没有板块运动，高山基本上都是火山喷发形成的。十几亿年来，火星内部不知道喷发出了多少岩浆，这些岩浆就像被挤出来的胶水一样慢慢变干，一层摞一层地堆积起来，最后形成了这些高山。

“各位，系好安全带，紧握扶手。”

我们现在正向一个超级大峡谷前行。它叫水手大峡谷，是太阳系最大的峡谷。到底有多大呢？要注意哦，一会儿你的惊呼声不要吓着邻座啦！水手大峡谷总长大概有四千多千米，约相当于从北京到广州之间跑上两个来回。除了长以外，它还很宽，宽度约有两百千米，比北京到天津还要远得多。如果拿地球上的各大峡谷作比较，水手大峡谷能把地球上排名前十的大峡谷全部装进自己的肚子里。所以，不要看它秃，如果拿它当滑板车的U型池，你技术再好都上不来。

火星两极也和地球一样非常寒冷，有很多很多的冰，大部分是二氧化碳凝结而成的干冰，也有部分水冰。这让很多期待发现外星生物的人兴奋不已。因为对我们人类来说，水是生命之源，而现在，人们不仅在火星上发现了河流的痕迹，甚至在两极发现了冰川，这说明，火星上或许真的有出现生命的可能。

“这里，我要向大家推荐一项活动——游旱泳。不会游泳的游客请举手！哎，那位大爷为什么瞪我啊？其他人为啥也都是这副表情？”

除了高山和峡谷外，火星上还有许多有趣的地貌，最能吸引人类注意，同时也是最让人兴奋的，就是干涸已久的河床！火星上现在已被探测到了几千条河床，长短不一。这说明在很久以前，火星表面也像地球一样有很多河流，只不过后来因为各种各样的原因，气候发生了很大变化，河流全部都干涸了。所以，刚刚说的游旱泳，只是为了让大家了解历史。我们真正安排的活动是沙漠日光浴，你们参不参加？火星表面的沙子可跟地球上不同，是红沙耶！富含铁元素的红沙！“沙浴”对风湿病、关节炎、肺气肿等都有很好的疗效，而富含铁元素的火星沙，对这类疾病的治疗效果更佳。我最后问一次，你们确定不参加吗？

“咱们团有位游客是开发商，刚才他问我能不能在这里建别墅，我不太推荐。”

首先，别看这里地形逶迤、景色壮丽，但大气层很稀薄，不像地球大气层那么厚实。因此，即便建了别墅，住户也只能每天都待在家里。另一个原因是，在火星和木星之间的轨道上，有大量的小行星，火星刚好在小行星带旁边，经常遭受这些小鬼们的骚扰。所以，火星上那大小不一、像自然划分的领地边界的撞击坑，就是对人类的警告：要是建了别墅，说不定哪天就……

“嗖，啪！”

黄河之水天上来

“科幻风摆拍、塑料激光剑、橡胶外星人随便选！包你成为人人羡慕的超级宇宙英雄！”

萤火一号火星探测器，中国首次探测火星的先锋（喻京川 作品）

火星人是经久不衰的科幻主角，科学家也一直努力寻找着火星生命的证据。而液态水的发现是关键一环。火星和地球相距那么远，人类还没有登过火星，他们是如何确定有水的呢？水是固态还是液态的？“火星上有水”这一发现，对人类的深空探测又有什么重要意义呢？且听我慢慢道来。

从很多方面来说，火星与地球很相似，属于类地行星。正因为火星与地球相似，离得又近，人们很早就推测存在火星人。火星人一直是科幻小说的热门主角，上天入地无所不能，长着大大的黑眼睛和小细腿儿。科学家更实际一点，他们才不关心火星人玩什么花样，只希望发现一点点生命迹象。但到目前为止，仍没有任何证据表明火星上有生命。值得欣慰的是，科学家已在火星上发现了液态水。俗话说，水是生命之源，既然有液态水，存在生命的可能性也高了许多。

聪明的你一定想到了，证明火星上有水的最直接证据，肯定是航天员登陆火星，亲眼看到火星水，再带一瓶回地球了。不过很可惜，暂时还没能实现这一点。但是，通过间接方式也能证明火星上有水。简单说，他们通过火星探测器上的光谱仪，发现了土壤中含有高氯酸盐，从而证明了水的存在。

什么是光谱呢？光在世界上非常常见，可谓无处不在。有些物体能发光，例如太阳；有些物体能透光，例如玻璃；还有的物体能反射光，例如镜子。这世上不同的东西会发射或反射不一样的光。赤、橙、黄、绿、青、蓝、紫，不同颜色的七色光，实际上是因为光的波长不同，才会有不同的颜色。科学家掌握了其中的规律，将之记录下来转变成像乐谱一样的数据，就是光谱。每种物质都有自己的特征光谱，光谱就像人的指纹一样，可以帮助科学家确定物质的成分。如今，光谱分析是探测行星表面物质的常用手段。

“从光谱数据中又是怎么分析出火星表面有水的呢？”

首先，利用火星表面的高分辨率照片，选定那些由于水流作用形成的特殊地形。其中有些斜坡上会出现一种奇怪的暗色条纹，这种条纹于春夏季开始显现，在秋冬季慢慢消失。考虑到火星上的温度与气压，这种条纹很可能与水的溶解和冻结有关。接着，科学家测量了这些条纹的光谱，发现它们与水的光谱具有相同的光谱特征。于是确认，火星上确实有水。

“君不见黄河之水天上来，奔流到海不复回。君不见……”

“哎，那位小朋友是甘肃兰州的吧？家在黄河边？先别背了。”

我们先来看看火星的气候条件吧。火星离太阳远，所以比地球冷得多。它表面干燥、寒冷，且大气稀薄。各位如果要入住火星酒店的话，建议住在南半球，盛夏是最好的出行季节。因为火星南半球的最高温度比北半球高约 30 摄氏度，夏季时中午有 20 摄氏度。严冬时节可就不好玩了，因为南极的最低温度会降到 -133 摄氏度。

美好的时光总是短暂的，火星上的温暖夏日也是短暂的。火星表面的温度大部分时候都低于 0 摄氏度（即低于水的冰点），大气压也很低。换句话说，火星上几乎不可能存在河流。但幸好还有一种名为高氯酸盐的奇特物质，它溶解在水中，能够降低水的凝固点，使原本应该在 0 摄氏度结冰的水，可能零下几十摄氏度都能继续流动。冬天，在北方城市的街头，经常能看到环卫工人撒盐除雪，利用的也是这个原理。不过，是药三分毒，高氯酸盐也好，其他任何试剂也罢，可都别由着性地随便洒着玩。

是啦，除了高氯酸盐之外，科学家在火星表面还发现了多种盐类物质，但有些盐是有毒的。你觉得奇怪吗——几乎每次做饭都少不了盐，可现在却说它有毒？其实，食用盐只是盐类家族中的诸多成员之一，只因为最常见，才被笼统地叫成“盐”。实际上，“盐”这个字，可以代表从坚硬的大理石，到藕粉般黏糊糊的钡餐等一系列东西。

前段时间，我去了一趟青海省海西州的德令哈，这也是我第一次进入青藏高原。德令哈是一个小城，城市很干净，但出了城就是沙漠。我原本以为这个地方特别缺水，但实际上，青海和西藏都有大量的湖泊，其中大多是咸水湖，淡水湖不多。所以，即便有很多水，仍然很少有生物。水就是水，湖里没有螃蟹和鱼，湖边也没有杨柳。土里不长东西，是一片片白花花的盐碱。这样的环境与火星上很像。因此，中国第一个火星模拟基地也就建在了海西州。当然，火星上漫山遍野流淌着卤水①基本不可能，但局部地区有卤水流出是可能的。

对未来的火星探险甚至开发来说，有水总比无水好。哪怕是有毒的，也比付出高昂代价从地球上运水要强得多。因为成熟的海水淡化技术和国际空间站的水循环利用技术，大大增加了人类在火星上取水的可能性。在空间站里，不会有任何一滴汗水、眼泪或尿液被浪费，它们会在太空舱内被收集起来，过滤、净化后循环利用。火星上的卤水也可以这样加工——可我没说倒进我的杯子，再倒进你的杯子就能喝了啊！

液态水的发现，增加了火星上存在宜居环境的可能性。而且，根据生物学的经验，只要有液态水和热量，几乎肯定可以有生命存活。这样看，火星存在生命的可能性还是不小的。

“那位戴眼镜的男士，我记得你是学水利工程专业的，你可以考虑在火星上开个自来水厂，前景看好哦。”

① 卤水：矿化度很高的水。

火星一些斜坡上季节性出现的暗色条纹

3. 我们来了

“千天”等一回

承认落后，是实现赶超的前提。美国无疑是火星探测的领先者。从民意支持分析，普通美国人对火星这颗红色星球充满浓厚兴趣，火星探测一直获得多数民众的支持。1960 ~ 1975 年第一次火星探测高潮期间，前苏联发射的“火星号”和“宇宙号”系列探测器几乎全军覆没；相比之下，美国人在火星探测方面则倍受幸运之神的眷顾，保持着很高的成功率——在 21 次探测任务中有 17 次成功，成功率高达 80% 以上，特别是进入 21 世纪以来，美国所有火星任务全部成功。

自阿波罗最后一次登月至今，载人航天长期局限在地球附近，这种状态必须改变。火星是太阳系中唯一有可能实现大规模移居的星球，如今的载人航天已到了突破地球引力束缚，为实现载人登陆火星而努力的关键阶段。

“哎，那我们现在是怎么来的呢？”

“这个嘛……哎嘿嘿，你看那儿有颗流星。有人要投资火星吗？太阳系的第二个地球、未来人类唯一可能移民的地方，早投资早回报，抢占先机、机不可失哦！”

由于地球和火星都在运动，所以火星探测器并非什么时候都能从地球“启程”，而是每隔 2 年零 2 个月（780 天）才有一次发射机会，这样的发射机会称为“发射窗口”。也就是说，火星探测器的发射窗口，每隔 26 个月才会打开一次。因为每隔 780 天，太阳、地球、火星就会排列成一条直线，这种现象称为“火星冲”，此时正是发射火星探测器的好机会。

黑色七分钟

话说回来，即使是所谓的“好机会”，无论是火星车还是着陆器，穿过大气层登陆的过程仍然惊心动魄、九死一生。探测器从131千米的高空进入火星大气时，速度高达21000千米/小时，即5.9千米/秒——天啊，我在地球上晨练时，跑一个小时才能跑这么远。要想安全着陆，探测器的速度必须在七分钟内降至零。这也是火星探测中技术难度最大、失败概率最高的关键步骤，是名副其实的“黑色七分钟”。大家都坐过山车吧，没有人会在上升时就扯开嗓子尖叫，都是从急速下降时开始喊的，其实谁都知道，正规的过山车有安全保障，可还是止不住对坠落的恐惧——科学家也是怀着这种心情研制火星探测器的。他们就像宠爱自己的孩子一样，珍惜这些昂贵而精密的设备。

“那要怎样才能安全着陆呢？”

“要在火星上安全着陆，主要有三种方式。”

第一种方式是气囊缓冲。这种方式适用于质量较轻的着陆器。在着陆前，包裹着陆器的气囊会充气、展开，借助气囊的帮助，着落器会反复弹跳，逐渐降低高度，最终实现成功着陆。1996年发射的“探路者号”火星车就是用气囊缓冲方式成功着陆，初步验证了进入火星大气层、减速和着陆缓冲的全过程。2003年6月和7月发射的“勇气号”与“机遇号”这对“孪生”火星车，使气囊缓冲方式得到了充分验证，实现了较大范围的巡视。

第二种方式是着陆支架缓冲。2007年发射的“凤凰号”着陆器，比“机遇号”和“勇气号”火星车更重，如果靠降落伞和安全气囊着陆，则需使用更大面积的降落伞和体积更大的气囊，但这会挤占科学仪器的重量。因此，“凤凰号”采用了火箭反推和着陆支架缓冲的方式，实现了在火星北极地区的安全着陆。

第三种方式是空中吊车着陆。这种方式适用于质量较重的着陆器，2011年发射的“好奇号”火星车首次采用这种技术并获得成功。当时，“好奇号”以20000千米/小时高速进入大气层，火星车被装载在盾形的隔热保护罩中，保护罩可以经受高温烧蚀，起到防护作用，确保火星车上的电子元件不会被高温毁掉。等到距火星表面的高度为11千米时，探测器先

“勇气号”和“机遇号”火星车成功着陆在火星表面

“凤凰号”着陆器

打开巨大的降落伞减速。24 秒后，保护罩脱离。下降到 1.4 千米高度时，降落伞带着探测器背壳与火星车分离，8 台发动机点火制动，通过火箭反推，将下降速度从 80 米 / 秒降低至 0.75 米 / 秒。距离火星表面为 20 米高度时，着陆器在空中“悬停”，空中吊车释放出尼龙绳，将火星车从着陆器吊运至火星表面，实现着陆。

20 年后，载人登陆火星时，面对的最大难题，是人体比火星车更脆弱，需要运送到火星上的登陆舱更重。为此，不仅需要强大的隔热保护罩，还需要面积更大的

空中吊车释放出尼龙绳，将火星车吊运到火星表面

登陆火星

降落伞，并把反推发动机减速和空中吊车等手段统统用上，实现多种着陆手段的“混搭”，才能确保航天员安全登陆火星表面。

带你晒晒太阳吹吹风

在登陆火星前，先要了解辐射环境，以便为航天员设计有效的辐射防护系统。好奇号火星车搭载了一台辐射评估探测器，用以测量飞船内部的高能粒子辐射环境，为未来载人火星旅行提供基础数据。2013 年发表在《自然》杂志上的文章提出，根据测量数据，航天员在火星上接受的累计辐射剂量，相当于每星期接受一次全身 CT 扫描。

“天哪，这么强的辐射！医生告诉我，一年只能做一次 CT。”

“是啊，我婆婆甚至把做 CT 检查当成福利了，我都劝她不要做。”

“火星叔叔，这可怎么办？我们不会被辐射穿透吧？”

太空辐射防护确实是个让人头疼的问题。它是航天员在火星生活面临的主要困难之一，也是出发前我们准备了这么一大堆行李的原因。在前往火星的过程中，航天员主要面临两类危害健康的辐射粒子：一类是剂量较低但长期存在的银河宇宙射线，能量高、穿透性强，普通的飞船外壳基本无法阻止它们，即使是 30 厘米厚的铝板，防护效果也很有限，严重威胁航天员健康；另一类是太阳高能粒子，通常是能量为数百兆电子伏特的质子，比银河宇宙射线的能量要低得多，持续时间较短，飞船外壳就可以有效防护。

各位不要着急，我们这次乘坐的飞船配备了一间“太阳风暴庇护所”，在“太阳风暴”出现时，大家可以躲进庇护所，抵御高能粒子的侵袭。随着科技的进步，未来我们可能会发现一些新型的轻质材料，它们比铝板具有更好的防护效果。当然，即使找到这些新型防护材料，也只能降低部分辐射。而那些能够穿透防护材料的射线，仍会对人体健康造成危害。现实的选择是就地利用火星土壤，加入黏结剂固结成型，或用包装袋填充土壤——一定厚度的土壤将有效降低太空辐射对我们的危害。

“您放心，我们绝对保证安全，要是回到地球后长出了第三只眼睛或第四只手，保险公司无条件赔偿！”

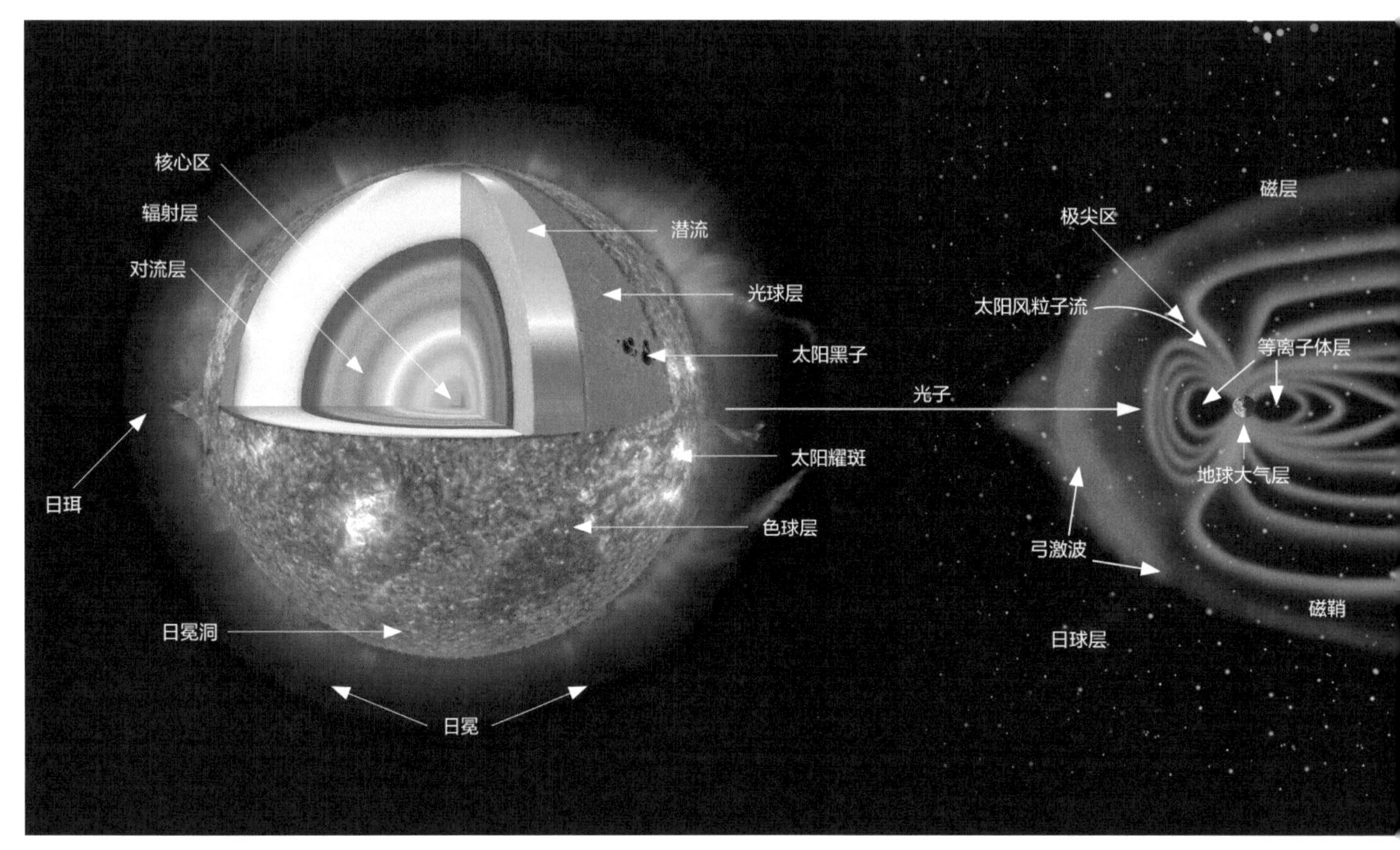

太阳系中充满了太阳风和宇宙射线

低碳生活

“看看我们带得最多的是什么？”

“对，是水，还有食物。在火星上生存，除了需要计算自己每天所需摄入的热量和水，再生水回收系统也是必不可少的。在我们的飞船上，就像在空间站上一样，一种被称为‘水膜’的净水系统，此时此刻正在高效地处理着所有能利用的水。”

“那位小伙子，还记得泡茶给你留下的心理阴影吗？是的，在空间站，不会有任何一滴汗水、眼泪或尿液被浪费。你现在喝的茶，是用你昨天泡茶的水泡的。”

“啊……”

“你看过《荒野求生》吗？在地震救援中，很多人就是靠喝尿液才得以生存下去，这一幕在空间站和飞船上每天都在上演……小伙子，淡定，习惯就好。”

除了住所、食物和水，在火星上生存还有一个重要条件：氧气。想想前面对水循环的介绍，氧气的来源就显得有些奢侈——主要来自水的分解。

以电解方式分离水分子中的氧原子和氢原子，这种制氧设备已经成功用于国际空间站。通过在水中有技巧地通电，将电解出来的氧气释放到空气中，用于维持生命，氢气则进入制水循环系统。

“这也太浪费了。”我看这位小姑娘对这种“浪费水”的行为咬牙切齿。

“别心疼。你看啊，你刚才和后座那位姐姐聊天，说话就需要消耗不少氧气。所以，这正是把好钢用在了刀刃上。”

火星局部地区的地下有丰富的含水层，空气中也有一定量的水，通过收集这些水，将其电解以产生氧气，可大大减少从地球运输的货物总量，登陆火星的成本也会降低，参加火星游的人才会增加。

4. 人类的希望之星

火星大冒险

如今，火星是深空探测中最热门的话题，美国、欧洲、日本和印度都成功发射了火星探测器，其中以美国发射的探测器数量最多、取得的成果最大。我们今天行程的规划，就有赖于这些探测器传回的信息。目前，世界各国还在不断推进火星探测计划，期待有一天可以“更上一层楼”——直接载人登火星。

自 1960 年前苏联发射了历史上首颗火星探测器以来，人类共发射了 45 颗火星探测器，成功率约为 50%。这些探测器对火星进行了详细考察，并向地球发回了大量数据。

火星探测经历了三个发展阶段，体现了不同时代航天技术的进步。

1960~1970 年，主要进行遥感探测，初步了解火星的总体面貌。“水手 4 号”是第一个火星探测器。

1970~1973 年，以环绕探测为主，对地形地貌、地质构造及大气、磁场和辐射环境进行普查式探测。

1973 年以来，主要进行火星环绕探测，结合着陆器近距离探测，了解大气层与大气活动，磁场、电离层与磁层，空间与表面环境，地形地貌，流水遗迹，生命痕迹，土壤与矿物岩石的分布，火山活动，地质构造，内部结构等，成果丰硕。特别是，1976 年发射的两个“海盗号”火星探测器，更是立下了赫赫战功。

1997 年 7 月 4 日，“火星探路者号”登陆火星，传回火星照片。自 20 世纪 90 年代起，人类在火星上发现了很多有关水的痕迹。因此，寻找水成为火星探测的主题。

“我听说火星上已经发现了大量的水，对吗，火星叔叔？”

“对！现在我们已经开始寻找有机物了。总有一天，我们会找到生命的。”

2020 计划

2009 年年底，根据中俄两国航天局的合作计划，中国研制的“萤火一号”探测器与俄方研制的“火卫一 - 土壤探测器”一道，将共同搭乘联盟号火箭从拜科努尔航天中心发射升空。“萤火一号”重 110 千克，本体长 75 厘米、宽 75 厘米、高 60 厘米，携带照相机、磁强计等科学仪器，主要研究火星的电离层及空间环境、磁场等。2009 年 6 月，“萤火一号”完成探测器研制并赴俄罗斯联合测试。2011 年 11 月 9 日，俄方宣布，搭载“萤火一号”的“火卫一 - 土壤号”探测器变轨失败，“萤火一号”未能奔赴火星。

航天员正在展示国际空间站再生水回收系统的杰作——用各种废液生产的纯净水

“看来，关键技术必须牢牢掌握在自己手里，靠别人还是不行啊。”

“是呀！”

随后，中国开始抓紧实施首次完全自主的火星探测任务。这次任务不仅要实现环绕火星的全球遥感探测，还要突破进入大气层、下降、着陆、巡视、远距离测控通信等关键技术，在一次任务中同时完成“环绕、着陆、巡视”三个目标，使我们真正进入深空、走近火星，揭开它的神秘面纱。作为一个国家的首次火星探测，中国采用的这种方式是其他国家前所未有的，面临的挑战也前所未有。

中国首颗火星探测器共搭载了 13 种科学仪器，其中环绕器上有 7 种，火星车上有 6 种，涉及空间环境、火星表面、内部结构等领域。2020 年，中国火星探测器将正式发射。

火星距离地球最远时约 4 亿千米，探测器与火箭分离后，还要经过 7 ～ 10 个月的巡航飞行，才能抵达火星被火星引力场捕获。环绕器绕火星飞行后，与着陆器和巡视器的组合体分离，然后进入使命轨道，开展对全球环绕探测，同时为组合体提供中继通信。为此，在轨道设计上，就要兼顾环绕和着陆的需求。

同时，组合体与环绕器分离后，进入火星大气，经过气动外形减速、降落伞减速和反推发动机动力减速，最后在火星表面着陆。火星车驶离着陆平台，开始巡视探测，探测火星形貌、土壤、环境、大气，研究水冰分布、物理场和内部结构。

由于远距离数据传输的时间滞后，火星车必须有很高的自主控制能力。火星上太阳的光照强度小，加上沙尘对太阳能电池板的遮蔽，导致对火星车的能源供应比月球车更为困难，这些因素使中国首次火星探测任务更为复杂。

米其林“轮胎服”

我听在座不少人说过，自从上了火星就感觉自己胖了。告诉你们一个坏消息——确实胖了。再补偿你们一个好消息——不是你一个人胖了。说你是吃胖的，那我肯定没说实话，咱们飞船的饮食质量，嗯……所以，诸位是坐胖的。当然，我不是来嘲笑大伙的，因为我才是最圆润那个。其实，我想告诉大家，这事真不怪你，因为下飞船前穿的航天服确实沉，不好带，可也别怪做航天服的，因为沉有沉的道理。

航天服是保障航天员生命安全的密闭装备，保护航天员在真空或稀薄大气、剧烈温差、强烈太阳风和宇宙射线、微陨石撞击等太空环境中安全生存。它的设计，一方面要适应火星表面的环境特征；另一方面要便于航天员开展考察和作业。穿上它，大家就变成了一群米其林“轮胎人”，虽然不怎么养眼，但一切都是为保障大家的生命安全服务。

正在研制中的火星航天服包括关节、手套、头盔、氧气系统、水循环系统、散热系统、通信系统和电子系统等，可以实现各种参数实时监测、与其他航天员通话、浏览任务清单、拍照、控制光线、火星表面导航等功能。

在材料方面，航天服的材质一方面要实现隔热、可以调节服装温度；另一方面，由于火星磁场强度极弱、太阳风粒子和宇宙辐射很强，航天服也要为航天员提供一定的辐射防护。因此，航天服的面料应采用新型高分子材料的纤维织物。

未来登陆火星的航天员，在上面一待就是几周甚至几个月。他们可不能像老年生活时那样拄着拐棍儿，而是要在火星表面自由动作。为此，新的航天服要有可弯曲的膝盖、臀部要设计轴承和像手风琴风箱般可拉伸的连接部位，方便航天员蹲或坐。此外，为避免沙尘暴和弥漫的尘土随航天服混入居住舱，航天服要设计成从背部脱离——金蝉脱壳。这样，当航天员混入居住舱后，航天服被挂在舱外，保证航天员不会受火星粉尘的损害。

“加油站”告急

火星上没有加油站，载人飞船和火星车都需要太阳能电池提供能源。它们获得的电力越充足，越有能力开展多种任务和实验，出现系统故障的可能性也会随之降低，确保大家生活稳定。国际空间站就有一套强大的太阳能发电系统，未来用于深空飞行的“猎户座号”载人飞船，也将采用太阳能电池发电。

不过，虽然火星上的一昼夜是 24 小时 37 分钟，也分白天和黑夜。但火星比地球更远离太阳，太阳光强度比地球上弱。所以，仅利用太阳能，可能无法满足基地的供电需求。因此，核能是基地未来的主要能源。很多人“谈核色变”，其实大可不必。“好奇号”火星车、飞越冥王星的“新视野号”都装配有核电源，可以支撑它们一直工作到 2030 年。此外，至少还有 20 多个深空探测器，也采用了太空核能技术。目前，科学家正在研发小型的新型核反应堆，以满足火星基地高效、安全的供电需求。

同位素温差电池是一个现实的选择。同位素温差电池实际上就是个小型的核反应堆，其中的放射性同位素，在衰变过程会产生大量热能，并把热能转换成电能。如今，在深空探测任务中使用同位素温差电池，已有 40 多年的历史，并在 20 多次任务中获得成功，包括火星、木星、冥王星等。

不过，同位素温差电池并非完美无缺。打个比方，放射性同位素就像个橙子，你用勺子挖、挖、挖，挖出的果肉越来越多，向外飞溅的果汁也会越来越多。经验告诉我们，如果孩子把橙汁溅得到处都是，等爸妈下了班，他离挨揍就不远了。核泄漏的后果，可比挨揍严重得多。所以，为了避免挨揍，在挖橙子吃时，就要教孩子记得先用碗把橙子装起来。同样地，为了避免放射性同位素泄漏而污染太空，同位素温差电池都用多层坚固材料密封包装，即便发生飞船爆炸等灾难性事故，也不会产生一丝裂痕。

“这位大妈，别皱眉头，不用害怕！同位素温差电池释放的是阿尔法射线，无法穿透衣物或皮肤，所以也不会对人体产生危害。”

制造“感染”

“现在，减肥的机会来了。是的，根据行程安排，现在我们要去种地！”

火星土与地球土究竟有何区别？怎样才能改造火星土，在寸草不生的火星上种出庄稼来？关于这个问题，科学家们也已进行了有益的探索。

火星土与地球土的物质组成基本相同，但地球土里有微生物群落，某些特定的养分只能通过微生物来提供，而火星土中没有微生物。因此，火星种植的第一步是改造火星土。我们可以将少量的地球土与火星土混合，加上收进厨余桶的有机物，以及航天员的粪便进行混合、发酵，让地球土中的微生物“感染”火星土。经过一周左右的时间，火星土就会被改造成充满微生物的土，供作物生长……

“唉，怎么又是你！我是说火星土会混入航天员的粪便，可我没让你随地大小便呀，家长呢？”

培养好火星土之后，下一步要筛选适应火星土和火星环境的先锋植物，研究火星引力对植物生长的影响。之后，用地球上最顽强且最容易种植的作物种子，作为测试作物，用于火星农场种植。看来，今晚我们会吃到“土豆宴”，有土豆泥、土豆条、土豆饼和土豆汤等。因为根据目前的经验，土豆可能是火星农场

航天员出舱在火星表面开展地质考察，并与机器人相互协作

地球上类似火星表面的模拟试验场

没有任何微生物的火星土

种植的最佳选择，不仅可以大量繁殖，还能提供每千克 770 卡路里的高热量。

“别吃太多哦，不然今天减下去的体重可要长回去啦！”

土豆吃腻了，要不要换换口味？在火星上种植作物，不仅可以确保航天员营养需求，还可以大大减轻从地球上运送的物资重量，显著降低载人登陆火星的技术风险和成本。这方面，国际空间站开展了大量种植试验并获得成功。2015 年，国际空间站已经成功栽培出新鲜的蔬菜。在空间站上，蔬菜属于极具开发潜力的新鲜食材，只要用有色光线控制，蔬菜就会乖乖生长，供航天员食用。其中生菜是最容易种植的蔬菜品种。

“火星叔叔，肉能种吗？”

“啧，肉是种出来的吗？”

未来已来

“火星旅行马上要结束了，怎么样？大家做好移民火星的准备了吗？”

20 世纪，我们实现了载人登月，人类第一次登上了地球之外的天体；21 世纪上半叶，我们将实现载人登陆火星，这是人类航天史上最重要、最复杂的太空计划，将对人类的未来产生深远影响。

虽然科技发展日新月异，但人类所处的生态环境却十分脆弱，我们面临的重大自然灾难除了地震、火山、海啸外，还包括小天体撞击、地球磁极倒转、超新星爆发、超级太阳风暴等，不一而足。在这些灾难面前，即使庞大如恐龙，也会在一夕间灭亡殆尽。因此，人类必须保持足够的危机感和紧迫感。

然而，在可预见的将来，人类仍不具备飞出太阳系的能力。而在太阳系范围内，只有火星环境最适宜生命生存。所以，它就成为我们移居外星球的首选目标。虽然，我们也在探索木卫二和土卫六等天体，并在太阳系外搜索系外行星，但这些任务的主要目标是寻找这些天体上的生命信息，而非为人类提供未来的移居地。

目前，火星探测已从早期的全球普查，逐渐聚焦到对重点地区的精细探测；从找水逐步转到寻找生命信息。

科学界越来越清晰地认识到，火星是人类面临重大灾难时最有可能去的避险地。在火星上，人们发现了三角洲、冲积扇、沟渠等大量流水侵蚀地貌；一些盆地与柴达木盆地中的干涸盐湖十分相似，说明火星上曾经发育过大型湖泊；“凤凰号”着陆器直接探测到了火星土壤中的水蒸气。此外，一些斜坡上发现了液态水，一些峭壁上发现了地下冰层，这些证据表明，火星土壤就像青藏高原的冻土层一样，现在仍然含有水。

“既然我们已经确认了火星上有水，那么火星是否适合生命生存呢？”

生命科学的研究发现，生命可以在很多极端环境和极限条件下生存。比如，细菌和孢子就可以在极度寒冷、干燥、隔绝空气的环境下休眠数百万年，在环境适宜时重新激活。火星北极的土壤中可能就存在这样的休眠微生物菌落。科学家还在地球上模拟火星的辐射、昼夜温差等环境条件，经过 30 天的试验后，10000 个样本中有 6 个食杆菌属的细菌仍然存活。这一结果不仅证明微生物可以在火星上长期存活，也验证了人类改造火星的一种可能，即把低等微生物作为先锋生物释放到火星表面，通过生物作用逐步改造火星环境，最终使之适合人类生存。

美国国家航空航天局 2020 年火星车概念设计图

高速进入火星大气层，安全登陆火星表面仍是最大难关之一

第四章
日出东方

当你感受到越来越耀眼灼目的光亮，以及简直能把金属都熔化的炎热时，你应该能猜到，我们已经抵达了此次旅行的第三站——太阳。

1. 太阳系之王

绝对的王者

大家小时候肯定都学过一篇《两小儿辩日》的文言文。我帮大家回忆一下：

孔子东游，见两小儿辩斗，问其故。

一儿曰："我以日始出时去人近，而日中时远也。"

一儿以日初出远，而日中时近也。

一儿曰："日初出大如车盖，及日中则如盘盂，此不为远者小而近者大乎？"

一儿曰："日初出沧沧凉凉，及其日中如探汤，此不为近者热而远者凉乎？"

孔子不能决也。

两小儿笑曰："孰为汝多知乎？"

不过，你可千万别像那两个小孩般得意，因为中午的太阳和早晨的太阳其实是一样大的，因为它离我们的距离并没有变化。太阳就算离得再远，也依然是人类在天空中"看"到的最大的天然物体。

透露一个消息，月亮为了充大头，可占足了离得近的便宜，天天像小狗一样围着地球转——要知道，太阳离地球足有 1.5 亿千米，而月亮离地球只有 38 万千米。太阳光照到地球上，需要经历 8 分钟，而月光照到地球上，只需要 1 秒钟。太阳离地球这么远，看起来仍然比月亮大，更说明它比月亮大很多倍了。即便是比月亮大得多的地球，在太阳面前也小得像粒灰尘——太阳的直径约是地球的 109 倍，如果它是空心的，里面足可以装下 130 多万个地球。

太阳当然是实心的，所以它不仅大，而且重。太阳的质量约为 1.99×10^{30} 千克，约是地球质量的 333000 倍，占整个太阳系质量的 99.86%。虽然在自己的王国中无可匹敌，但在恒星的海洋——银河系中，太阳只能算一颗极为普通的恒星。比如，参宿四的体积约是太阳的 700 倍，亮度更是太阳的 14000 倍。这颗红巨星才真的让我们"亮瞎眼"。

说回太阳系。作为行星之王，木星的质量是地球的 318 倍，甚至是其他七大行星质量总和的 2.5 倍多；它的体积则是地球的 1321 倍。因此，在八大行星中，无论体积和质量，木星都是最大的那个。但比起太阳来，甚至连木星都完全不是啥，因为它的体积和质量都只有太阳的千分之一。

在这次旅行中，我曾经告诉过大家牛顿发现引力的故事，所谓万有引力定律，简言之就是"质量越大，引力越大""距离越远，引力越小"。而正是凭借无所不在的巨大引力，太阳才能让太阳系中的其他天体心悦诚服地围绕着它。

太阳以巨大的质量，难以抗衡的引力，成为太阳系绝对的王者。作为太阳系中唯一的恒星，太阳几十亿年来"热"情不减，注视着行星世界的沧海桑田。它清楚地知道，行星世界的一切都是变化的，唯一不变的就是，它们都必须围绕自己转动。即便是行星的

太阳

卫星，在绕行星运转的同时，也在绕着太阳在运转。

尤其是我们的地球，就像一个柔弱的婴儿一样。地球上的万物生长，全靠太阳发出的光和热。不夸张地说，太阳依靠它的引力和热量，推动着地球物质的演化进程。

巨量的氢和氦，这两种宇宙中最主要的元素，在太阳内部进行着剧烈的核聚变反应，释放出巨大的热量，膨胀的气体构成了这个太阳系王者的身体。在高速旋转中，太阳发出人类世界所能看到的最耀眼的光芒。地球历史上出现过的无数物种，想必一出世，就会被它的光芒震撼和折服。

看，它已经在热烈地迎接你，只是你要小心，别被它的热情熔化成了蒸汽!

超出量程的爱

“请原谅，我们并没有为大家安排体验在太阳上称体重的项目，因为它实在太热了，这是为安全着想。”

燃烧自己，照亮他人。作为一系之王，太阳一心为民，每天都在燃烧。通过核聚变反应，将两个氢原子合并成氦原子，把光和热洒向它的子民。而它自己却由于核聚变反应的质量损耗而不断变轻。

我们说一个人热情，常用“热情似火”来形容，但用这样的词来形容太阳，就只是一句废话了。我们测量温度时用的酒精温度计、煤油温度计、水银温度计，甚至热电偶温度计，在太阳面前统统都弱爆了。为了让我们有限的知觉能理解这“超出量程的爱”，科学家们通过测量它发出的能量（热和光）的多少，

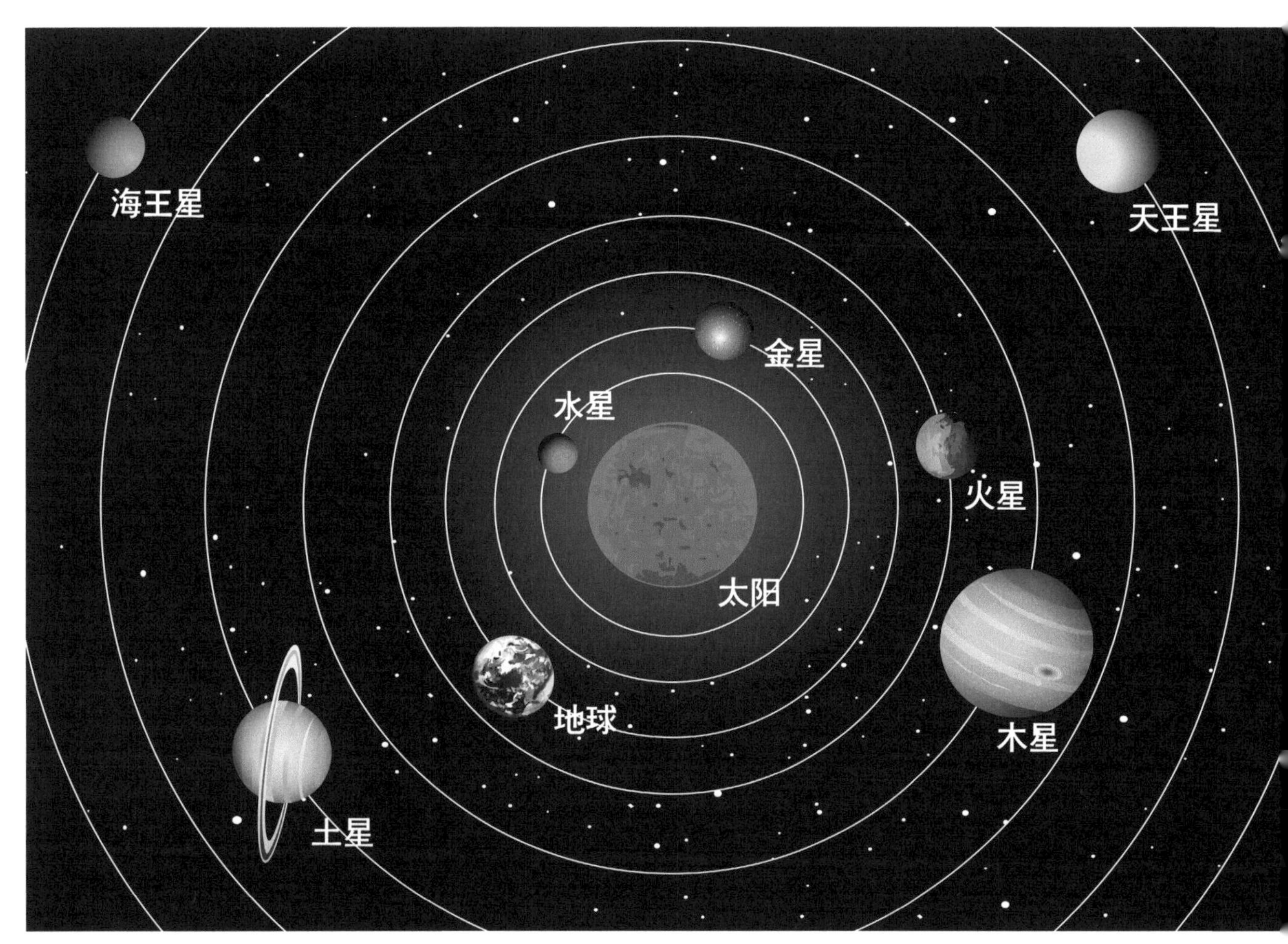

太阳系

将结果进行了量化：太阳核心区的温度可达 1000 万～2250 万摄氏度，太阳表面（光球层）的温度约为 5500 摄氏度，日食期间可以看到的太阳外层大气——日冕层的温度可达 150 万～200 万摄氏度。

“那位小朋友，你嘟囔着嘴，是不是怪太阳发出的热量太多了，让我们不得不忍受夏日的酷暑？”

要知道，1000 多摄氏度就足以把钢铁融化了。唉，作为“王者”也不一定荣耀，既要照顾到离它近的子民，比如地球和火星，又要照顾到遥远的边疆居民，比如海王星和冥王星。目前太阳发光发热的状态已是最理想的了，你们是没见过它发脾气的时候啊。要想人前风光，背后又得经受怎样的痛苦煎熬，想必这位王者一定甘苦自知吧！

“我的热情，好像一把火，燃烧了整个沙漠……”

“别唱了好吗？已经够热了。”

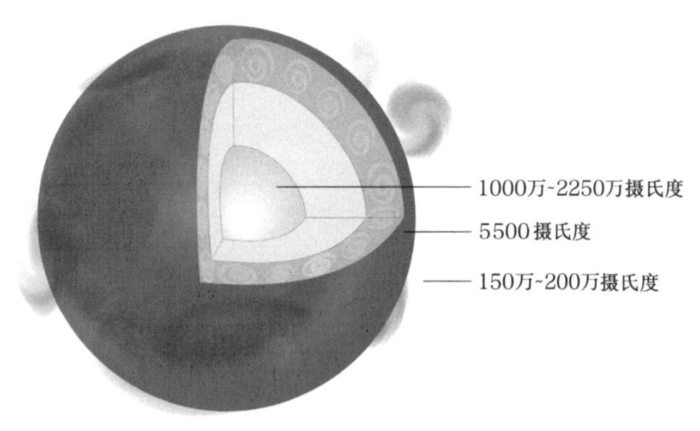

太阳不同区域的温度

八分钟前的那束光

阳光照到你身上时，已经是八分钟前射出的光芒，却依然灼热。古希腊人称太阳为“赫利俄斯（Helios）”；古罗马人则称为“索尔（Sol）”。人类最初看到太阳的时候，觉得那是神。所以，在希腊和罗马神话中，太阳神就是阿波罗。当然，阿波罗要管的事情很多，他不仅是音乐、诗歌、艺术、光明和知识等领域的主宰，还要充当众多古希腊美少年的偶像。

后来人们发现，太阳根本就不是什么神，而是光芒夺目的天体。

现在，让我们抬头看看 149680000 千米外的那位王者。这段遥远的距离，便是地球到太阳的平均距离，天文学家把它定义为 1 个天文单位。某款奶茶自称一年的销量连起来能绕地球几圈，但地球的周长只有 4 万多千米，在这个距离面前，只能说是用你的手臂丈量万里长城了。

不过，从“平均”二字中，大家或许已经推测出，一年之中，太阳与我们地球母亲间的距离是变化的。地球绕太阳一年，画出的是一个椭圆，而不是像圆规作图那样的正圆形。

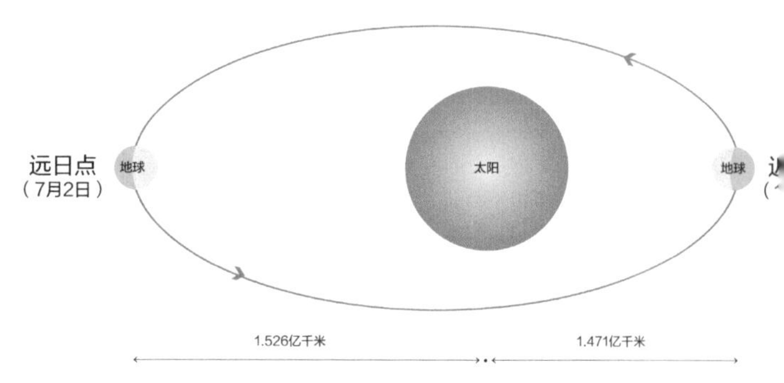

近日点和远日点

转吧，嗯哼

“你们想看太阳跳芭蕾？”

“这不就是赶鸭子上架——难为人吗？”

“经我们耐心细致地劝说，太阳终于答应了。因此，这个项目算在行程之内，不再额外收费。”

自诩“太阳王”的法国国王路易十四学过芭蕾舞，

他应该会脚尖点地旋转。虽然不知道培养这种本领是不是为了模仿太阳，但从某些方面看，这确实很像太阳的运动：太阳球形的身体也有固定属于“脚尖”的位置——自转轴。自转轴就像脚尖一样，大致垂直于“地板”——黄道面，不过准确来说，有 7.25 度的偏差。值得一提的是，当你从太阳的北极点观察时，会发现它沿逆时针方向旋转，正好与行星自转和公转的方向相同，看着就像是太阳拎着行星们一起旋转。

“让我们一起转吧，转吧，嗯哼。”

太阳是由气体组成的，不同纬度地区的气体具有不同的自转速度。赤道地区的气体自转速度快，自转一周只需要 25.6 天；南北纬 60 度地区的气体，

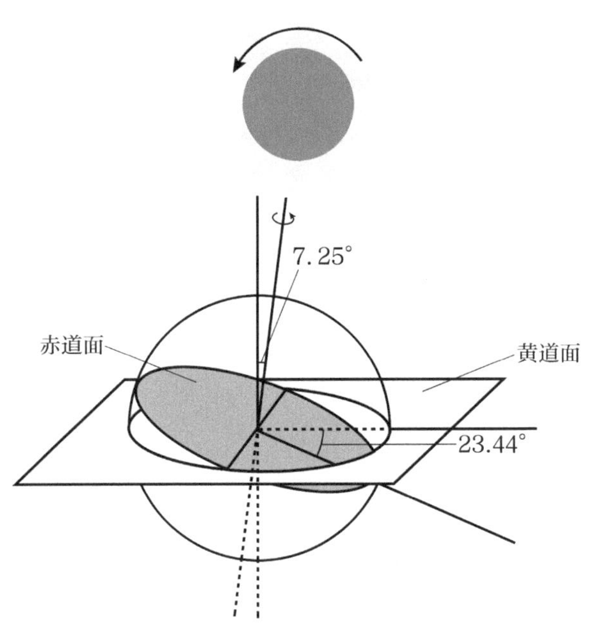

黄道面

自转一周需要约 30.9 天；而极地地区的气体，自转一周需要约 36 天。人在跳芭蕾舞的时候，身体不同部位的自转速度是相同的，如果是像太阳一样，不同部位的自转速度不同的话，身体就会扭成麻花了。

“月球绕着地球转，地球绕着太阳转。那太阳呢？”

太阳也没闲着，它在扭动着巨大无比的身体自转的同时，还率领整个太阳系，以 250 千米 / 秒的速度，绕着银河系的中心公转。照这个速度，太阳系公转一周大约需要 2.5 亿年。当然，太阳的公转速度并不是刚好“二百五”，这只是估算而已。因为若是加上小数点的话，后面会有很多位小数。所以，各位不能以此为理由说它的坏话呦！

在银河系中，太阳只是数千亿颗恒星中的普通一员，位于银道面（类似地球的赤道面）以北约 26 光年，距离银河系中心约 33000 光年。

“看来我们像是住在银河系偏远‘山区’的人，不知道这辈子还有没有机会去系中心看看。”

太阳“喷泉”

各位游客，看看你下方的华丽“喷泉”吧，这可是高温炙热的等离子体！港澳台地区的科学家们把它称为“电浆”，似乎也是很形象的。太阳上的“喷泉”与济南的趵突泉可不一样：它的动力不是水压，而是核聚变反应产生的巨大能量。这些能量以热和光的形式，释放到太阳系中。核聚变是把轻的元素合并成重的元素，而核裂变是把重的元素分解成轻的元素。在这两个反应过程中，都会失去一部分质量，转化为巨大的能量。比如，氢弹的威力之所以比原子弹还大，利用的正是核聚变。所以……

“轰！”

在太阳上，每秒钟约有 6 亿吨氢原子核发生核聚变反应，太阳的质量会减少约 400 万吨，它们会转化为能量。

“看来太阳也在减肥耶。”

“根据爱因斯坦提出的质量与能量间的转换方程，释放的能量等于损失的质量乘以光速的平方……数太大，大家还是自己算吧。中考可能会考哦。”

人终有一死，恒星其实也一样。虽然已经五十亿岁了，但太阳的生命也不是无限的。太阳上的氢原子将在未来五十亿年内耗尽。当它“蜡炬成灰”时，将会膨胀成一颗巨大的气球——红巨星。届时，由它一手创造的地球上的芸芸众生，将从此灰飞烟灭。

恒星二代

说起科学，很多人就犯怵，原因是科学发现常常违背人的直觉。比如，太阳如此巨大，又这么沉，大家会认为它是由密度很高的物质组成的。然而，虽然没办法去挖一勺太阳到实验室分析，但远远地通过光谱测量发现，这位宽容大度的王者，居然是由比空气还轻的气体组成的。

太阳上，约 71% 是氢，27% 是氦，金属元素仅占约 2%。氦在太阳上占四分之一，但在地球上却很

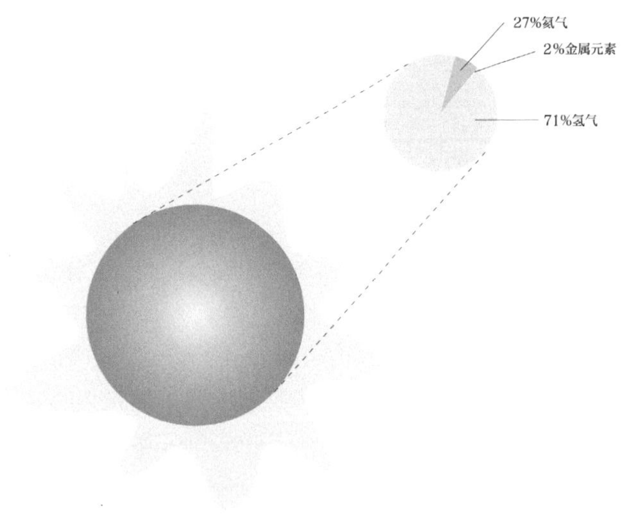

太阳的组成

稀少。而且，在很长时间内，人类甚至不知道地球上有这种元素，这还要感谢一位名为儒勒·詹森的科学家。1868 年发生了一次日全食，这位科学家在观测太阳的光谱时，检测到一条新的光谱吸收线，说明太阳上富含能够吸收这种光的元素。于是，这种新的元素被命名为氦（Helium），源于希腊语中的太阳“赫利俄斯（Helios）”。

刚刚说过，太阳上还有 0.1% 的金属元素，它们泄露了太阳的身世奥秘：太阳其实并不是宇宙中第一代形成的恒星，而是诞生于一颗超新星的爆炸。太阳属于第二代恒星，不仅燃烧氢，而且还燃烧氦和金属元素。第一代恒星是不会有这些金属“渣渣”的。

在太阳过去 50 亿年的生命中，约一半的氢已经被消耗；随着时间的推移，核聚变反应继续进行，较小的原子将合并成更大的原子，较轻的元素也就被转化成较重的元素。而所谓的金属元素，也是通过核聚变，由能让气球飞起来的氢原子转化而成的。不过，天文学上的“金属”，并不是你的不锈钢饭盒或手机电池——它们并非真的金属，而是比氢和氦更重的元素。

“很多人到旅游景点都是各种买买买，但东西买回家后往往都被扔在一旁，再也不看一眼。亲爱的朋友，我并不建议你在太阳上购买任何纪念品。我可以负责地告诉你，在太阳上看起来不管多么奇幻的东西，即使没有被海关没收，回到地球也都会黯然失色。”

太阳的内心

“各位早饭吃好了么？接下来我们要参观太阳的内部了。”

太阳和地球类似，也包括球体和大气层两部分。先说球体，太阳的球体和刚刚大家吃的茶叶蛋类似，可分为很多层，从里到外依次为：核心区、辐射层、对流层。

“蛋黄、蛋白、蛋壳……”

“别打岔，我来为大家分别介绍一下。”

太阳核心区的温度极高、压力极大，温度约为 1500 万摄氏度。在这种高温高压迫害下，氢原子原本私人专属的电子被剥夺，暴露出一个个原子核。四个氢原子核合并，聚变形成一个氦原子核，并释放出大量能量。氢原子核的聚变反应过程中，也会发射出伽马射线（一种高能量的光子）和中微子（不带电荷，几乎没有质量的粒子）。

核心区有点像核反应堆的堆芯，堆芯外面是产生强烈辐射的辐射层，温度范围从 1500 万摄氏度到 100 万摄氏度。堆芯能量以辐射形式向外扩散，从中辐射出的光子，也就是我们看到的太阳光，则通过辐射层继续向外扩散。

对流层位于辐射层之外，从辐射层出来的光子继续向外扩散。对流层的温度从 100 万摄氏度降低到 6000 摄氏度，压力也逐渐降低。

反应堆内部很危险，不宜久留，我们赶紧移步到球体外，到太阳的大气层中去看看。你们看，这里由内向外层层叠叠，分为光球层、色球层和日冕层三部

分。我再分别给大家介绍一下吧！

光球层是大气层中的最底层，厚约 500 千米，温度约为 5500 摄氏度。光球层发出的是肉眼可见波段的光。其实，它就是我们平常所看到的太阳。

色球层是大气层的中间层，厚约数千米。在这个区域温度逐渐升高，色球层的底部只有 5500 摄氏度，顶部则可达 50000 摄氏度。色球层中，氢原子处于激发状态，发出的是可见波段中的红光，所以看起来是红色的。但实际上只有当发生日食，月球挡住明亮的光球层时，我们才能看到红色的色球层。

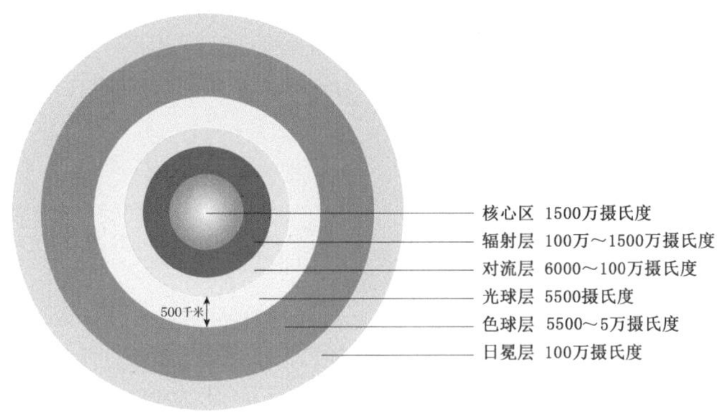

太阳内部各区域的温度

太阳内部结构

核心区
辐射层
对流层
潜流
光球层
太阳黑子
太阳耀斑
日珥
色球层
日冕洞
日冕

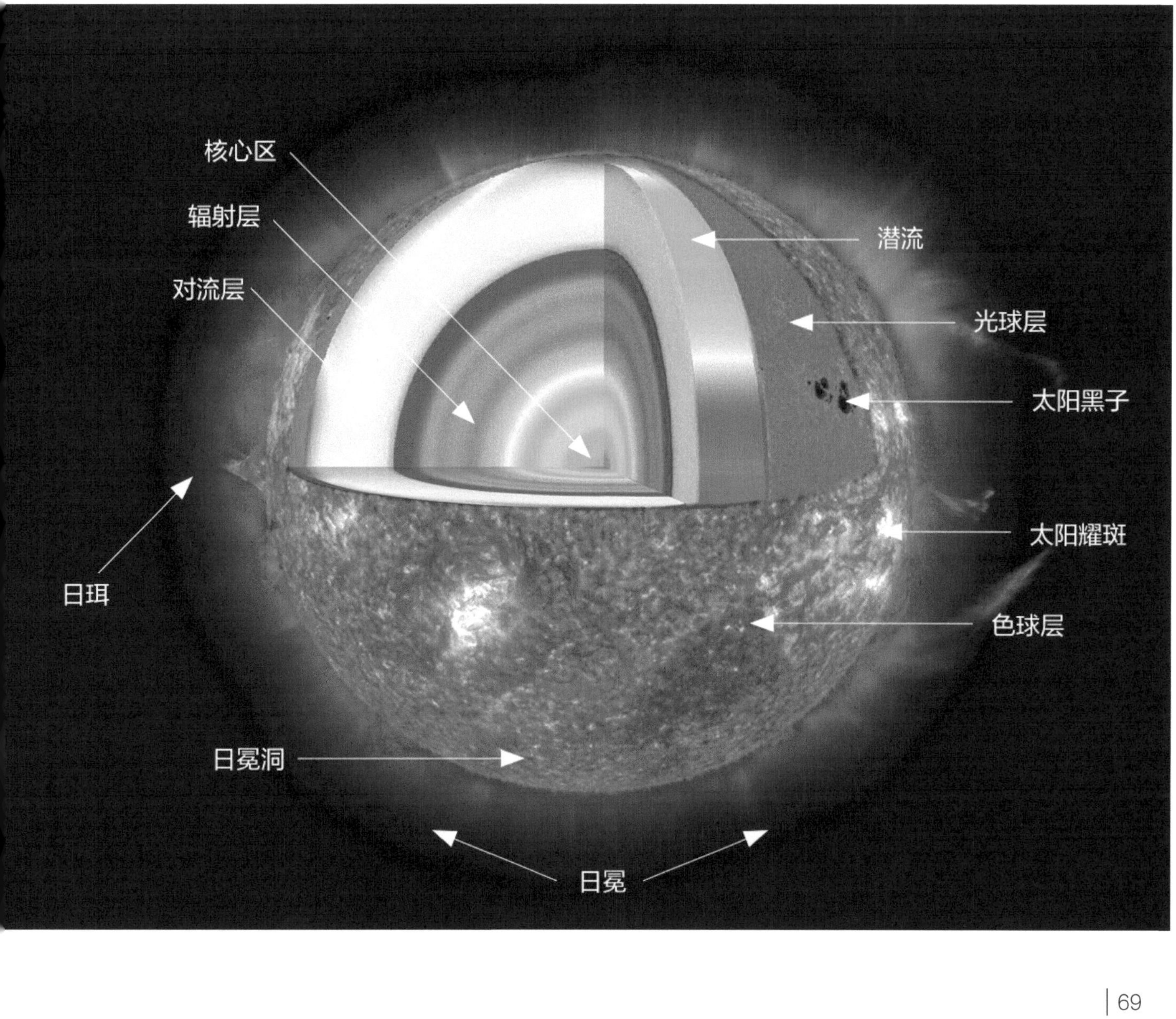

日冕层是太阳大气层的最外层，厚数百万千米，温度极高，甚至高达 100 万摄氏度。大家看到没有，日冕层中还有洞——冕洞，这是大量带电粒子被循环抛向太空的地方，我们现在感受到的太阳风，也就是大量的高能粒子流，可能就是从这个地方刮出来的。

“日冕，看来就是太阳王的皇冠啊。”

“是呀，这就叫冠冕堂皇。”

太阳这么热，居然还有人想揭开太阳的内心。说到这里，我的内心也是崩溃的。但科学家就是这么一群人，不仅希望看到太阳的内心，还想窥探整个宇宙的奥秘。

胖是工伤

太阳已经 50 亿岁了，但它还有 50 亿年的寿命。随着太阳逐渐变老，释放的能量将越来越弱。这就像人一样，男人四十一枝花，中年登顶，随后慢慢走向人生的终点。

“唉，允许我悲伤一会儿。”

减肥是很多人毕生的事业。但大家看看我的身材，也就心安了。胖是工伤，长得胖不是我的错，只怪我工作太努力。现代人容易积劳成胖，而太阳也同样会在精力不济的下半生渐渐变胖。当反应堆堆芯——核心区的氢原子被耗尽后，开始燃烧反应堆外壳的氢。此时，堆芯逐渐坍塌收缩，堆芯内部的压力和温度也急剧升高，于是，外层逐渐膨胀，太阳的亮度减弱，成为一颗红巨星。

别看太阳长得比原来胖多了，但肉还是那些肉，这是虚胖。到时候，地球轨道内的行星，可能都会被埋进它的肥肉里。但由于质量变小，太阳的引力也会减弱，它再也无力掌控局势。火星和木土天海四颗外行星是一些“墙头草”，会抛下它往外溜。至于水星和金星，这两位忠诚的老臣八成要以身殉职。地球见状不妙，可能会挪到现在火星的位置，距离太阳差不多 1.5 个天文单位。但科学家发现，由于地球和太阳间存在潮汐力的羁绊，或许地球最终还是会选择与太阳共赴黄泉。

“啊，不要啊……”

不过，我们应该看不到地球的末日了。因为再过 30 亿年，在太阳吞噬地球之前，它释放出的热量将使海洋蒸发，地球表面会变得像金星一样热，届时生命将先于地球灭亡。

失去了旧日荣光，太阳的外层继续扩大、核心区继续收缩。堆芯中的氢原子“烧”光了，开始“烧”氦原子了，氦原子在高温高压下被剥夺了电子，三个氦原子核聚合在一起，形成碳原子，并释放出巨大的能量。由于碳原子无法被进一步聚合，堆芯将达到稳定状态。既然已经无法继续统治下去，最后太阳心一横，脱下龙袍、摘下皇冠：外层大气扩散到太空中，形成缥缈的行星状星云，露出衰老的内心。摆脱了权力重压的核心区，逐渐冷却收缩，最终变成直径只有几千千米的白矮星——没有核反应的稳定恒星。

当最后一丝热量完全发散，太阳将变成一颗冰冷的黑矮星。那是它的骨骸，尽管上面可能布满了钻石，但基本上是一颗死星。

“那位小伙子，我看你口水快出来了，擦擦！除了钻石以外的内容，你有认真听吗？”

“听了，先是变成红巨星，后来变成白矮星，最后变成黑矮星。”

“说得好，人死如灯灭，太阳死后也是一把灰。”

2. 致命诱惑

圣人脸上的痣

“警告：不要直视太阳，否则可能导致永久性的视力损伤！”

现在，请把眼睛闭上。大家有没有感觉到眼前一黑，内心一凉？这就对啦！我们现在来到了太阳黑子附近。要知道，黑子是长在太阳脸上的痦子，而日珥就像“粉刺”被刺破后射出的那点“脓”。

“咦，好恶心。”

这些黑子之所以黑，不是因为真的黑，而是“心冷如铁”。黑子的温度比周围地区更低——在大型黑子的中心，温度可以低至 4000 摄氏度，比周围区域低 1500 摄氏度左右。当然，“黑”是相对的，它只是比周围暗，其实还是很亮的，仍然会发出大量的光。

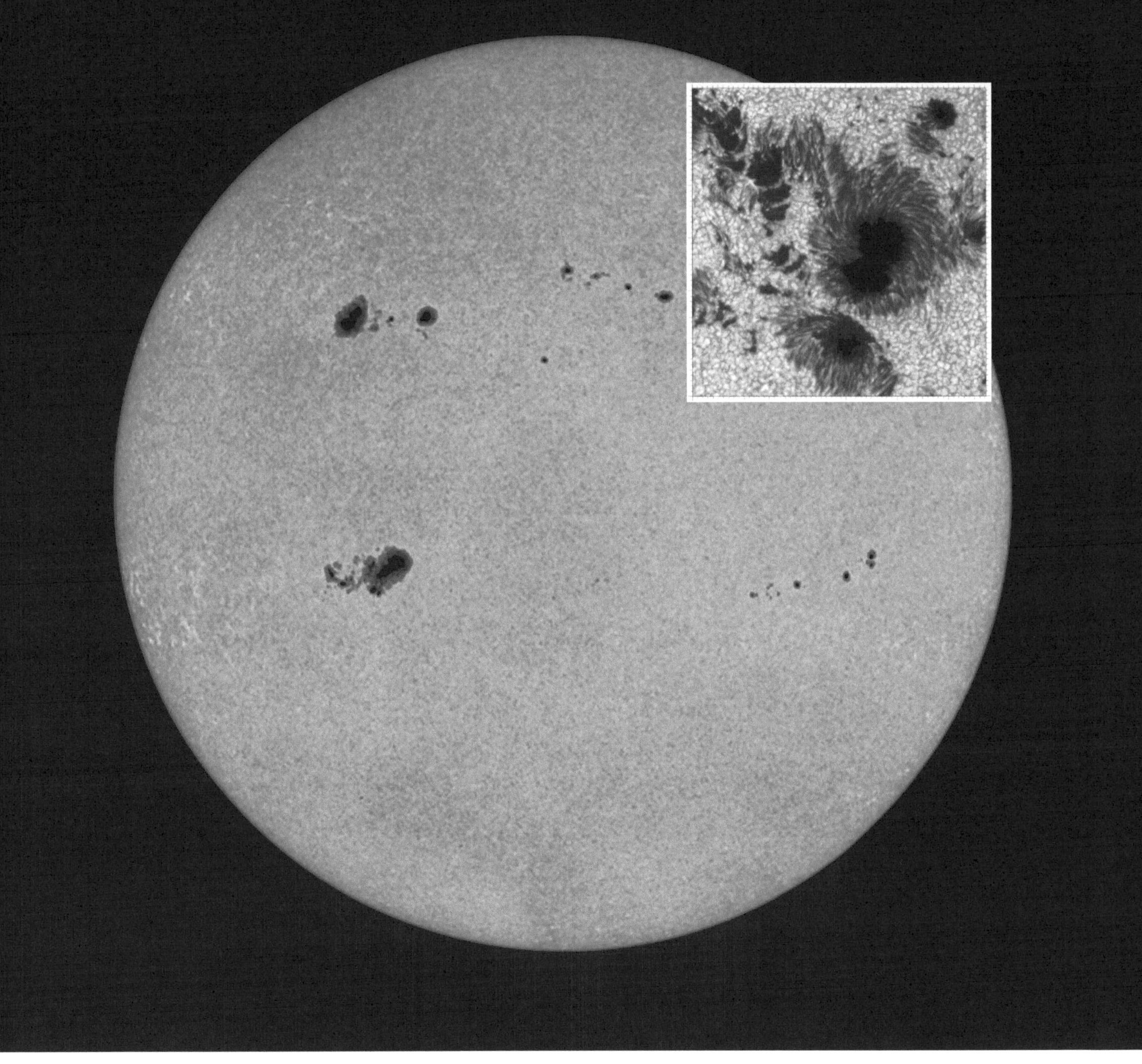

太阳黑子

黑子是在太阳磁场的干扰下形成的，它们形状不一、大小各异。单个黑子一般只能存在一到两周，但它们人多力量大，经常成群结队出现。早在 1826 年，塞瑟尔·海因里希·施瓦布就开始观察太阳黑子，终于在 1843 年发现了“王”的秘密：每隔 11 年，黑子数量会出现周期性变化。由此，从黑子数量可以推测太阳的“心情”。

如果把太阳比作人脸，那便是一张极大的脸。大脸如饼的太阳自认为貌美如花，而黑子就像它脸上的“美人痣”。不过，这痣相对脸来说其实不大，就像小粉刺

地球周围的太阳风

一样。但实际上，黑子的直径可是地球的 10 倍以上！

黑子有本影和半影。其中本影位于黑子内部，温度约 3400 摄氏度，直径达 20000 千米，相对黑暗和冰冷，但磁场非常强；半影位于黑子外部，像一个环带，环绕着本影，相对较为明亮。不过，有些特殊的黑子并没有半影，它们体型较小，被称为微黑子，直径约为 2500 千米，比黑子的本影要更明亮一些。

"那不就是雀斑吗！"

"啊！这个……你要记得住，这样说也行！"

刮风的太阳

"什么？太阳也会刮风，那还不得烫死啊？"

太阳风其实不是风，而是一种连续的粒子流，主

要由各种带电粒子组成。当日冕层中存在磁场异常的时候，就会形成持续数月甚至数年的冕洞。科学家给太阳做了个 X 射线透视，发现冕洞是黑色的，说明这个地方的磁场不够强，导致带电粒子逃离束缚，被抛向太空。当太阳自转时，太阳风会像纸风车那样旋转，把源源不断的带电粒子甩出来。

只要 8 分钟，太阳光就可以抵达地球。但太阳风跑得可没有这么快，它的平均速度约为 400 千米 / 秒，需要 4 天半才能到达地球。这就为预报太空中的天气状况提供了充裕的时间。当科学家侦察到太阳活动出现异常时，就可以及时发出预警信号，提醒地球上的人们，尽早做好应对太阳风的预案。

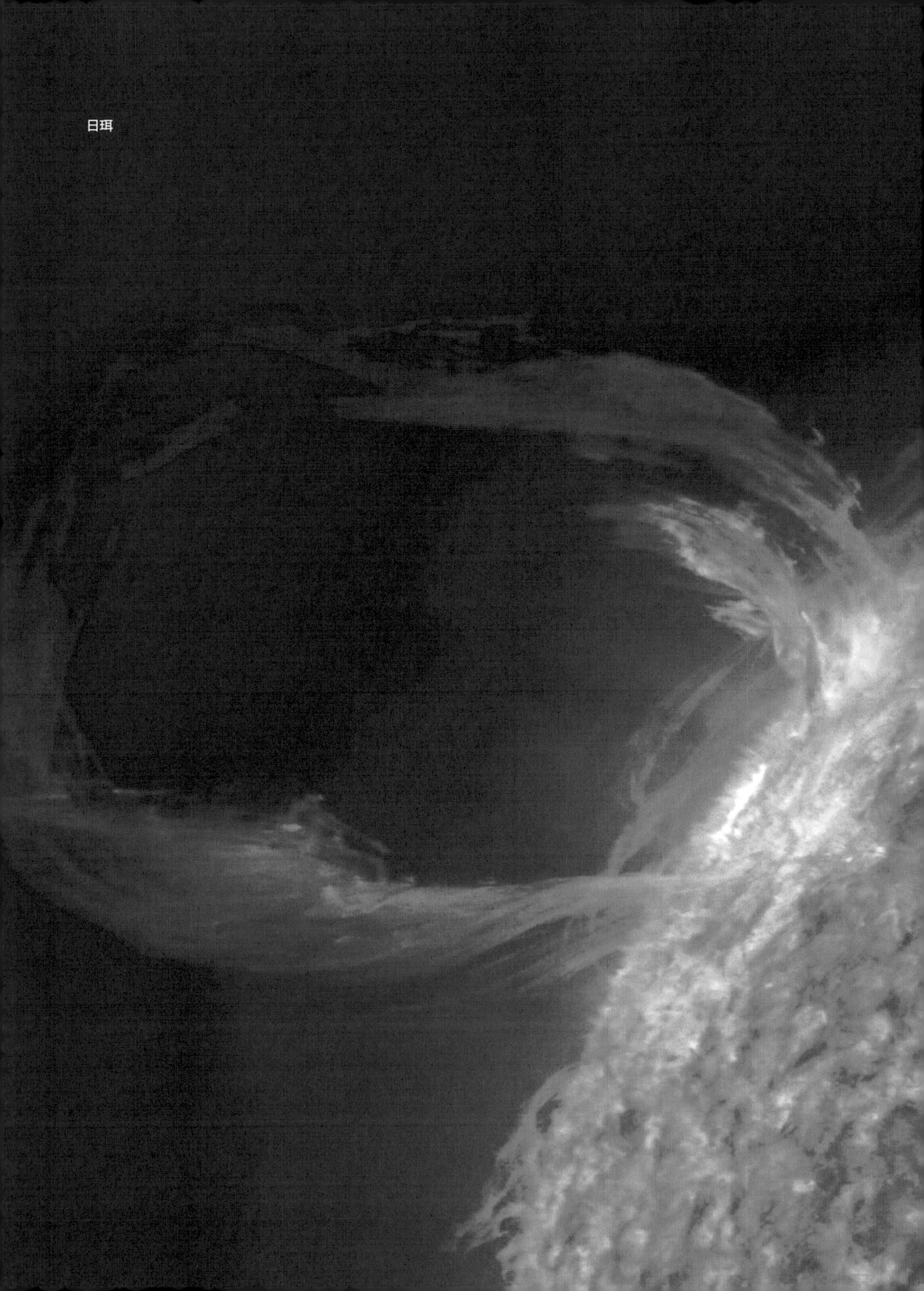
日珥

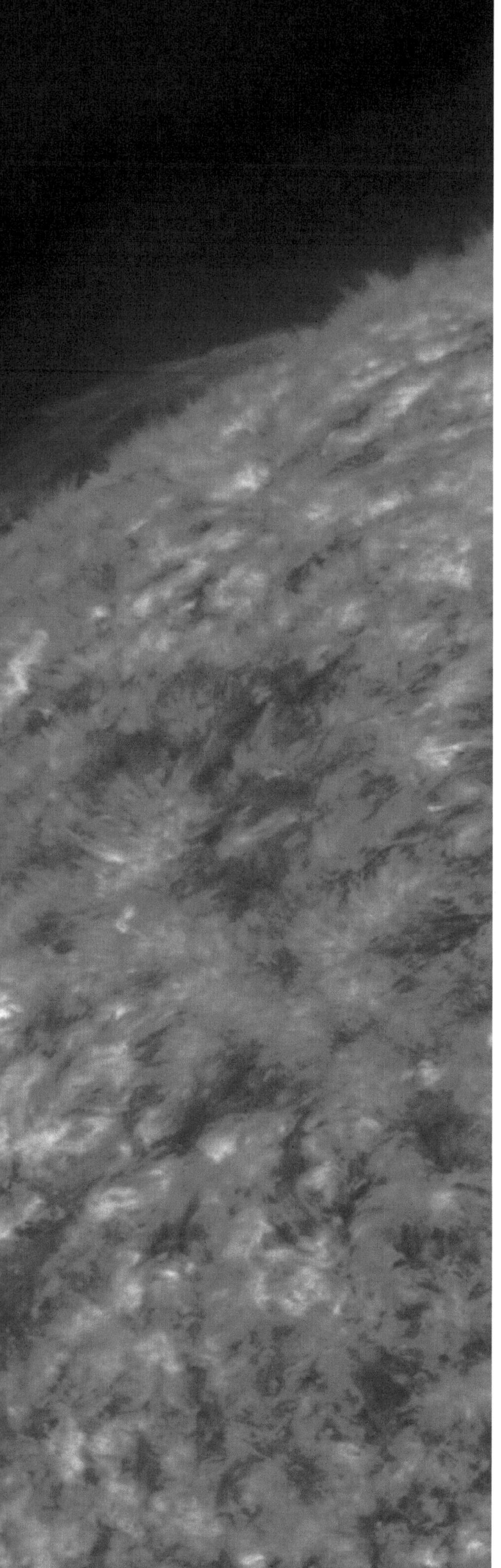

别看太阳风的速度没有光快，但它的能量可不小：当它穿越太阳系时，会影响各个星球。对靠近或正在逃离太阳的彗星，它会直接冲上去“挠”它们，让它们拖出长长的尾巴；对地球和其他行星的大气层，它会使大气分子电离，在极地描绘出漂亮的极光；对地球上空的卫星，它会“破坏”电子元器件，导致卫星无法正常工作。但太阳风也非一无是处：在太空中，它可以推动巨大的光帆，成为宇宙飞船飞行的动力。

“悄悄剧透一下，极光可不是只在北极才有哦。这次旅行，你们将有机会欣赏到太空中最壮观的极光。大家打起精神，是有些热，但不要睡觉哦！”

亮瞎眼的耀斑

“姑娘，快把镜子收起来，别让镜子反射的耀斑晃到别的游客。”

1859 年，理查德·C. 卡林顿首次观察到太阳耀斑。他在记录中写道：当他用望远镜观察太阳时，在一大群黑子附近，看到了“两束强烈而明亮的白光”。几秒钟后，白光消失了。这就是人类最早观测到的耀斑。

简单说，“耀斑”就是太阳上的某个部位突然爆发出了耀眼的光芒，形成非常明亮的斑点。

“为什么会这样呢？”

科学课上老师教过，电流会产生磁场。脑洞很大的火星叔叔告诉你，事实真相是，在太阳上，带电粒子很多，无时无刻不在进行着复杂的运动，形成无数的电流。电流越复杂，形成的磁场就越复杂。就像人体某个部位的血流速度加快，会使我们的皮肤变红一样（比如脸红），耀斑就是太阳“脸红”了。当耀斑爆发时，太阳表面的物质会被喷发出来，释放出大量的高能粒子和气体。这些物质可不像太阳风这么温柔，它们温度极高，可达 182 万 ~ 1300 万摄氏度，能从太阳表面喷射到数千千米高空——明亮的斑点就是这样形成的。

血流过快会使人晕厥，而耀斑可能会引起日震。顾名思义，地震是地球的震颤，日震便是太阳的震颤。日震发生时，震波会以震中为起点，呈同心圆向外辐射，在流动的太阳表面释放能量。日震的震级约为里氏 11.3 级，释放出的能量是 1906 年里氏 6.9 级的旧

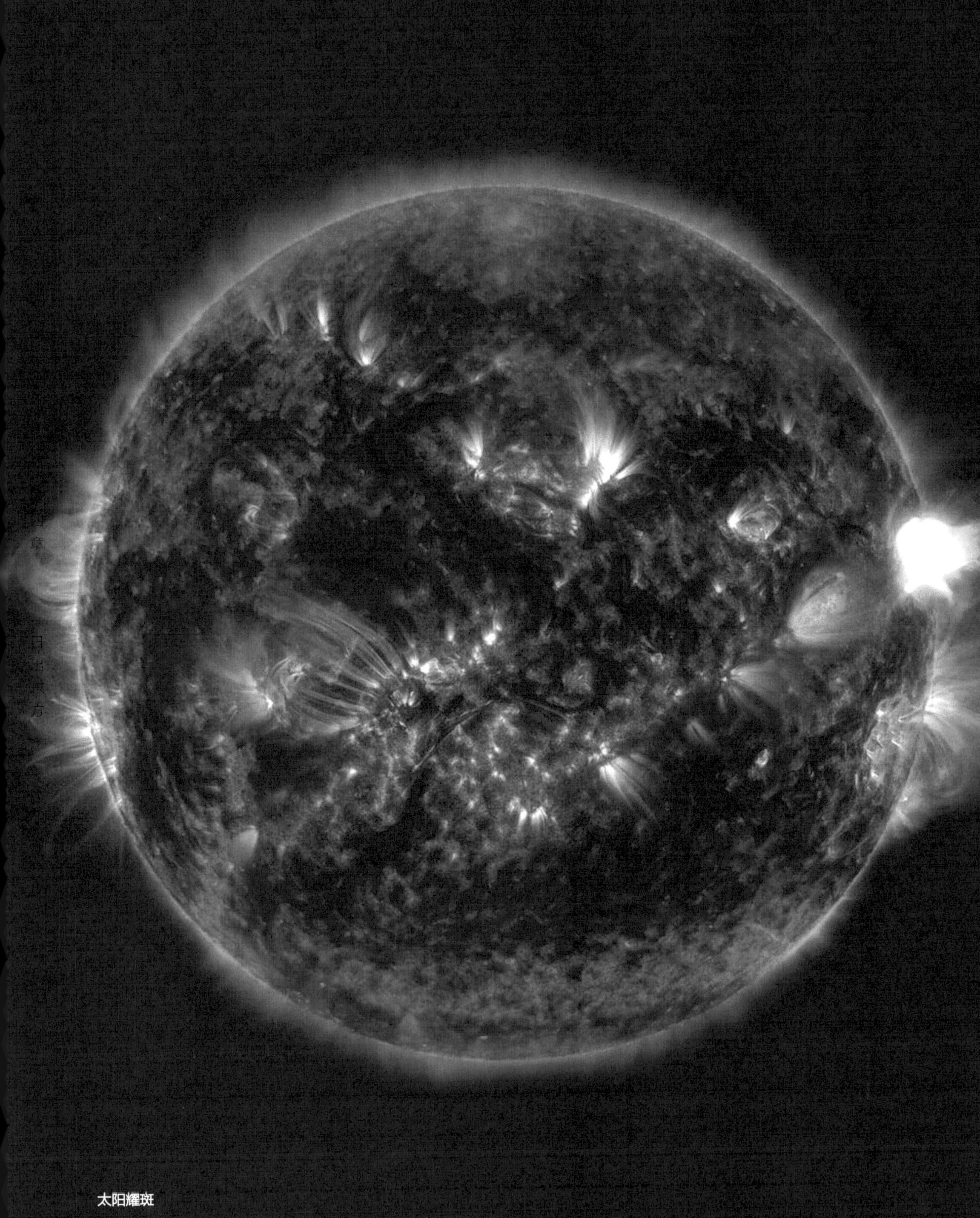

太阳耀斑

金山大地震的 40000 倍。

“11.3级！汶川地震才8.0级。天哪，震级差一级，释放出的能量差 32 倍，这是多大的能量啊！”

“是的，不仅太阳上有日震，其他恒星上也有星震，通过监测这些星震，我们可以窥视它们的内心。嘿嘿！”

抽风的太阳

“火星叔叔，你讲了太阳那么多奇奇怪怪的现象，说太阳抽风我也就不奇怪啦！”

“是呀，在黄石公园和印度尼西亚的火山上，大家可以看到地球内部的巨大能量正在向外喷涌。而在太阳上，能量的喷涌将更为剧烈。”

日珥就是太阳表面的一种剧烈活动，它比太阳圆面要暗弱得多。如果从地球上看，由于大气散射太阳光会形成日晕，日珥一般会被日晕淹没，只有利用专业仪器或在日全食时才能观测到。顺便一说，太阳的重要组成部分氦元素，就是科学家们在日全食期间拍摄日珥光谱时检测到的。如果日珥产生区域的磁场足够强大，日珥可以在太阳上空回旋数十万千米，持续数月。在某一时刻，或许会有很多日珥同时爆发。那时，太空中将出现大量日珥爆发时喷射出的太阳物质。

“飞出了地球大气层，你们可以经常看到日珥，听起来是不是很刺激！”

之前提到的日冕，也会冷不丁地抛出一点东西来，这种现象叫日冕物质抛射，比日珥爆发要危险得多。日冕抛出的是巨大的球状等离子体，质量高达上亿吨，会沿着太阳的磁力线移动，温度升高到几千万摄氏度。日冕物质就像调皮捣蛋的孩子一样，有时会在耀斑发生时趁乱出逃，但深究起来，它的“熊”举动通常又和耀斑无关——可能是因为长大后父亲就管不了它了。不过，日冕物质抛射可能会破坏地球上空的卫星，那时我们就没办法跟家人视频通话了。

日冕物质抛射

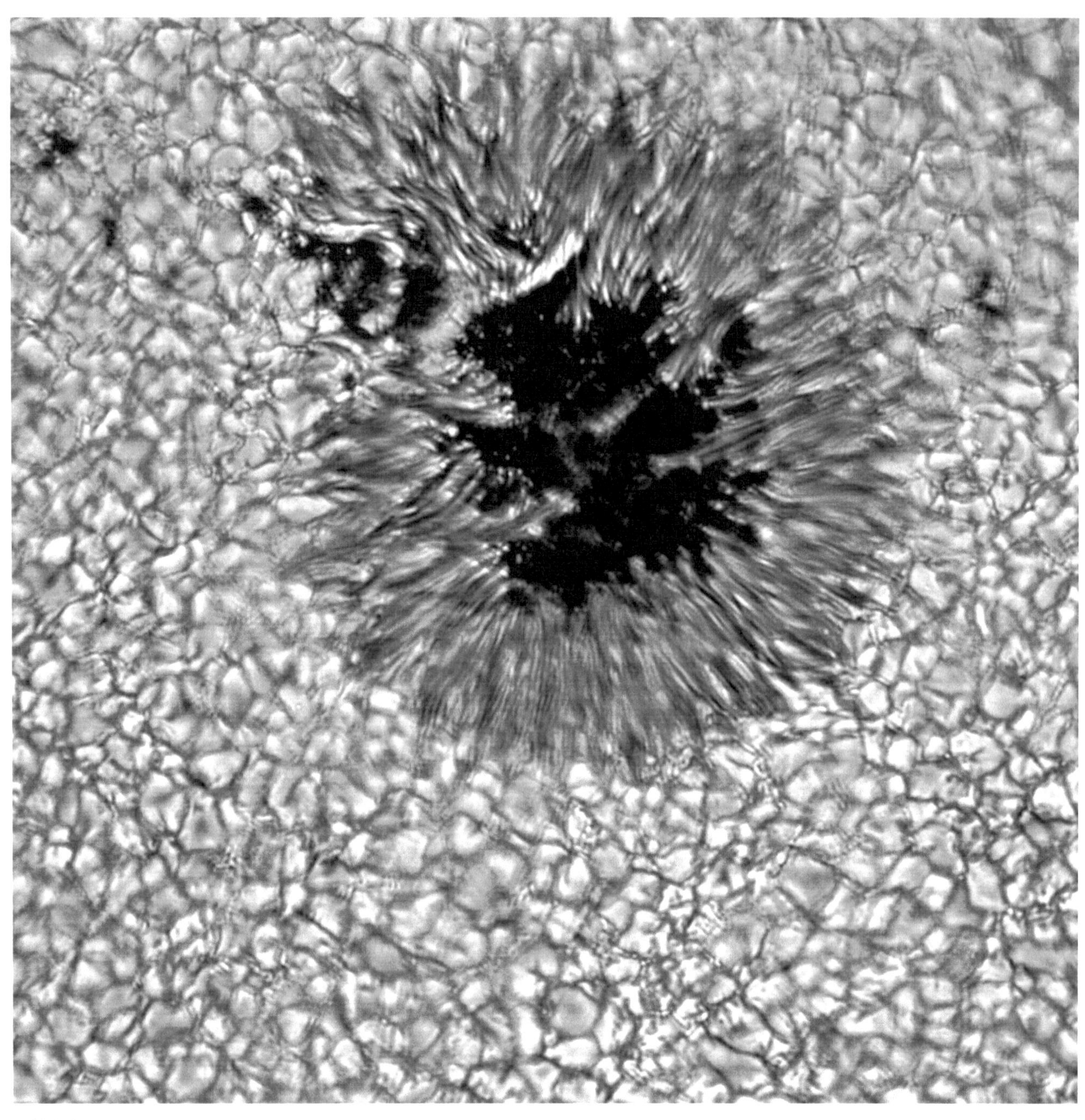

米粒组织

“嘿嘿，又是日珥又是日冕物质抛射的。这趟太阳旅行可是有风险的哦！”

太阳大锅煮“米粒”

“快到饭点了，大家不要着急。我们这个旅行团不会缩短吃饭的时间，挤出时间让大家买东西的。”

“餐厅到了，看到有粥，让我想起‘太阳粥’了。你们看，太阳表面就像一锅沸腾的粥，上面真的有像米粒一样的东西在翻腾。”

如果我们把太阳比作一口大锅，“米粒”其实是从“锅底”上升到表面的物质，每粒“米”的直径约

日食

钻石环

贝利珠

有1000千米，只比月球小一点，往往在5～10分钟后，它们就会消失不见，落回锅底了。“米粒组织”这个词可不是指一大把“米粒”，而是指太阳表面那些由“米粒”组成的区域。这些区域温度低、亮度暗，覆盖了太阳的可见表面，也就是光球层。

“慢慢喝，毕竟热粥烫口！注意，经常喜欢喝热粥的人，患口腔癌的概率会大大上升哦。”

限量版奢侈品

“接下来我要向大家介绍的，是只有日食期间才有的‘限量版奢侈品’。当然，你是没法把它们搬回家的，因为它们都是由光构成的。”

“首先是‘贝利珠’和‘钻石环’，听起来好贵气吧！”

“贝利珠”仅出现在日全食前后大约15秒，届时太阳会发出珍珠般的艳丽光芒。日食是因月亮挡住射向地球的太阳光产生的现象，“贝利珠”则是太阳光照向地球、经过月球边缘的环形山时出现的现象。之所以叫“贝利珠”，是为了纪念英国皇家天文学会的创始人之一——天文学家弗朗西斯·贝利。

“钻石环”的持续时间更短，仅出现在日全食前后的几秒钟。届时太阳周围会发出一种异样的强光，因而被冠以钻石之名。“钻石环”罕见如白孔雀，这才是真正的“虚幻之财富”。

这两种景观实在是珠光宝气的典范。太阳的馈赠是慷慨而亲切的，飞船上的我们，无论是富豪巨贾，还是热爱大自然的普通人，都可以免费欣赏，无须另外付费。

“偷偷告诉你们，一直有人想把这些景点围起来卖门票，但实在是无法把它私藏起来。”

除了精致的奢侈品，日全食还带来了一些壮丽的景象。比如，在日全食期间，虽然太阳被“吃”了，但我们平时看不到的部分，此时反而变得可见了。这是怎么回事呢？太阳大气最外层的日冕层，实际上并不亮，发出的大多是我们看不到的X射线。而可见的光球层的强光则会盖住日冕层，使我们看不到它。不过，在日食期间，月球正好挡住了光球层，当色球层发出的光线被日冕层等离子体中的松散电子散射，我们就可以看到日冕层发出的微弱散射光——K冕。这就是王者真正的

日全食期间

“冕旒”。此外，在日全食前后的几分钟内，我们还可以欣赏到冕流、极羽和日珥等难得一见的天文现象。

绝地求生的“好奇小子”

“现在，航天器已经抵达了月球、火星，甚至遥远的冥王星，但它可以抵达太阳吗？”

“当然可以，而且已经去过好多次了。”

1990年10月，“尤利西斯号”太阳探测器通过航天飞机发射升空。它由欧洲和美国联合研制，探测了太阳磁场、日珥和日冕物质抛射。1994年飞越太阳南极，1995年飞越太阳北极，2001年12月完成第二次绕太阳飞行。

“那航天器离太阳到底有多远呢？”

“大家对航天器有多接近太阳，并没有什么直观感受。我们不妨来看看几颗探测器的表现吧！”

1974年12月发射的“赫利俄斯1号”，与太阳的距离小于4700万千米；

1976年4月发射的“赫利俄斯2号”，与太阳的距离小于4400万千米；

2004年8月发射的“信使号”水星探测器，与太阳的距离约5800万千米。

想必大家已经明白了，虽然我们已发射过多颗太阳探测器，但它们其实离太阳还很远，这使探测的清晰度受到了限制。我们并不清楚太阳上究竟发生了什么。关于太阳的种种谜团，很难从地球附近找到答案。

2018年，“帕克”太阳探测器飞向太阳，与太阳的距离小于600万千米。想想看，地球与太阳的平均距离约为1.5亿千米，我们已经觉得非常热了。如果与太阳的距离再靠近96%，只有日地距离的4%时，该有多热！

显然，越靠近这个天然的“超级火炉”，那逼人的王者之气，就越热得让人难以忍受。因此，航天器要想靠近太阳，最大的挑战就是上千摄氏度的高温。为此，科学家设计了由碳复合材料制成的隔热罩，厚达11.4厘米，可以承受飞船外部1370摄氏度的高温。

光做好隔热还不行，毕竟总会有一些热量穿透隔热罩。因此，“帕克”太阳探测器还配备了特制的散热器，把多余的热量扩散到太空中，以免高温损坏探测仪器。在这些措施的保护下，探测器中的仪器温度居然能保持在正常的室温。

“这样的空调技术，要是用在我的新房子上，夏天就能天天体验冰爽的感觉了。”

不仅高温，还有辐射。越靠近太阳，各种射线和粒子的辐射就越强，就越可能击穿探测器的电路，特别是损坏数据存储器和计算机芯片，导致它们丧失工作能力。为此，“帕克”太阳探测器也进行了各种防辐射设计，减轻辐射对航天器的伤害。

如今，“帕克”太阳探测器已经成为史上最靠近太阳的航天器。虽然我们仍然不敢直接在太阳表面给它量体温，但这必定是人类飞向太阳的重大突破。“帕克”太阳探测器就像一个“好奇小子”，努力为我们解开太阳的三大谜团。

第一个谜团

为什么光球层(太阳表面)还不如大气层(日冕层)的温度高？光球层的温度约为5500摄氏度，而日冕层则有200万摄氏度。我们通常认为，离热源越远温度越低，可是为什么离核心区更远的日冕层，反而比光球层更热呢？

第二个谜团

太阳沿各个方向喷射出速度高达上百万千米/小时的带电粒子，形成了太阳风。科学家知道太阳风已经很久了，因为早期的观测者注意到，当彗星划过时，无论朝哪个方向运动，彗尾总是背向太阳，这表明太阳风的速度比彗星的速度更快。但太阳风究竟是怎样加速的，至今仍是不解之谜。

第三个谜团

太阳不仅会吹出太阳风，还会间歇性地喷射出高能粒子。这种粒子对航天员和航天飞船造成了威胁。只有了解太阳高能粒子是怎么产生的，会在何时爆发，我们才能采取应对措施，保护人类安全地走向深空。

“各位游客，你们还有什么对太阳的疑问也可以提出来，火星叔叔解答不了的，我们让好奇小子来帮忙吧。”

尤利西斯号

第五章 太阳系家园

“火星叔叔，几年前我看到一条新闻，说‘旅行者 1 号’已经飞出了太阳系。太阳系也有边界吗？你这次能带我飞出太阳系去转转吗？”

“说来话长，先跟你说说我们能不能飞出太阳系吧。”

1. 星际动物园

“今天，我们行程的第一站是星际动物园。这里看不到铁笼子，你会不会担心被什么毛茸茸的家伙偷袭呢？”

不用担心，星际动物园不仅秩序井然，而且其中的动物也和你想象的大相径庭——它们并没有用于抵御皮草商人袭击的爪牙，因为它们根本没有皮毛。

“给大家出个脑筋急转弯吧，什么羊不是羊，什么座不能坐？”

“别卖关子了，是不是星座啊？我是白羊座，请问我今年的运气怎么样？”

“哎，这位姑娘，别着急。我俩是同一个星座耶，你要是不好的话，我还能好吗？”

根据国际上的统一规定，整个地球外面包裹的天空叫作天球，天球上的所有星星被划分为 88 个星座。其中，南半球看到的星座叫南天星座，北半球看到的叫北天星座。但我们常说的星座只有 12 个，都位于黄道上，也就是太阳在天空中转一年形成的“道路”，也是黄道吉日的那个黄道。

“太阳每天从东方升起，从西方落下。这句话对吗？”

“这要看谁阅卷了，如果是火星叔叔阅卷的话，就要判是错的了。”

既然太阳离地球如此遥远，怎么来得及每天升起和落下呢？其实，太阳每天几乎没有动过位置，而是地

北天星座

南天星座

球每天自西向东自转，转过来，我们看到了太阳，就是早晨。转过去，我们看不到太阳了，就是晚上。所以，才会觉得太阳在自东向西运行，实际上是人的错觉。

由于地球不仅自转，还绕太阳公转，所以每天看到太阳在天空中的路径都是不同的。从地球上看，一年中，太阳一直沿一条“18 车道”的高速公路——“黄道”漫步。以目视尺寸衡量，这条路的宽度为 18 度，环绕一周为 360 度。在黄道上的一些星星，三五成群地凑在一起，就形成了星座。在黄道上，每隔 30 度就有一个星座，总计十二个星座，称为“黄道十二宫”。

“黄道十二宫”源自古希腊的“动物园”（Zodiakos）一词。在古希腊人眼里，星星是地球上的万物在天空中的投射，它们以不同的排列形式构成星座，形如同各种各样的动物，这就是为什么十二星座多以动物命名的原因。

如果有人问你：“你是白羊座、双鱼座还是金牛座？”实际上问的是你出生时，太阳在黄道 12 星座中哪个星座升起来的。一年 12 个月，每个月升起的星座都不同。

而同一个星座中的星星，虽然看起来手拉手、心连心，但实际上它们离得很远，可以说毫无联系。所以，把这些星座跟个人的命运、健康、幸福联系起来，是没有任何依据的。

“总而言之，千万不要相信那些神神道道的‘大师’，有事找证据，多思考。世间的一切幸福，都是奋斗出来的。”

黄道十二星座

2. 宇宙荷包蛋

“考虑到大家旅途很辛苦，今天给大家加餐哦，每人的面条中都会加个荷包蛋。”

在生活中，鸡蛋很常见。在宇宙中，鸡蛋似乎也很常见。我们的地球内部，包括地壳、地幔和地核，就像蛋壳、蛋白和蛋黄。再往大了看，我们的太阳系也像一个荷包蛋：中间的蛋黄就是太阳，地球和其他行星围绕在蛋黄的周围，形成了一个平面。不过，这个宇宙“荷包蛋”可有点特殊，因为它的“蛋清”分了好几层，是蛋黄（太阳）套蛋清、套蛋清、套蛋清、套蛋清、套蛋清——晕了没？一共有五层哦！

如果我们从“蛋黄”——太阳出发，按由内而外的五层“蛋清”的顺序依次为：类地行星和它们的卫星、小行星带、类木行星和它们的卫星、柯伊柏带、奥尔特云。

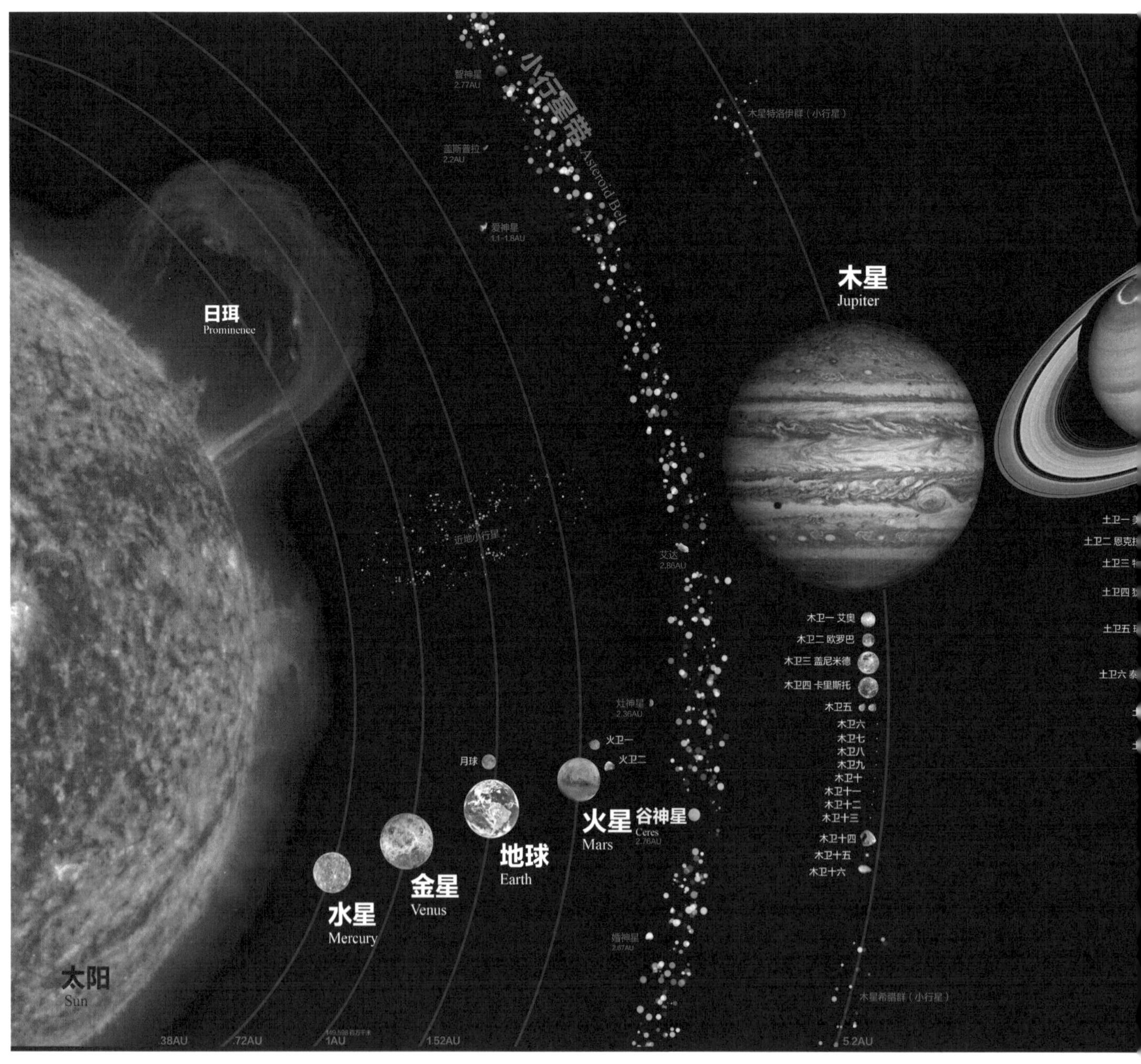

我们以太阳为起点，向外侧进发，首先来到的是第一层，这里有四颗固体星球，它们和地球一样，都是由岩石组成的，因此被统称为“类地行星”，即类似地球的行星。

驶离火星轨道，便进入了第二层——由大量“碎石块”组成的区域。这些“碎石块”实际上都是小行星，因此这里被称为“小行星带”。我们的地球，最初也是由这些小行星堆积起来的！它们是形成行星的胚胎——星子。

从小行星带继续向外进发，就来到了第三层。这里有四颗气体星球，它们与木星一样，都是由气体组成的，因此被统称为“类木行星”，即类似木星的行星。

出了海王星轨道，继续向外侧前进，便驶入了第四层——柯伊柏带。这里主要分布着由冰和石块组成的天体。由于柯伊柏带远离太阳，温度太低，太阳系中的气体在这里冷凝后成为固态的冰，其中以冥王星

太阳系结构示意图

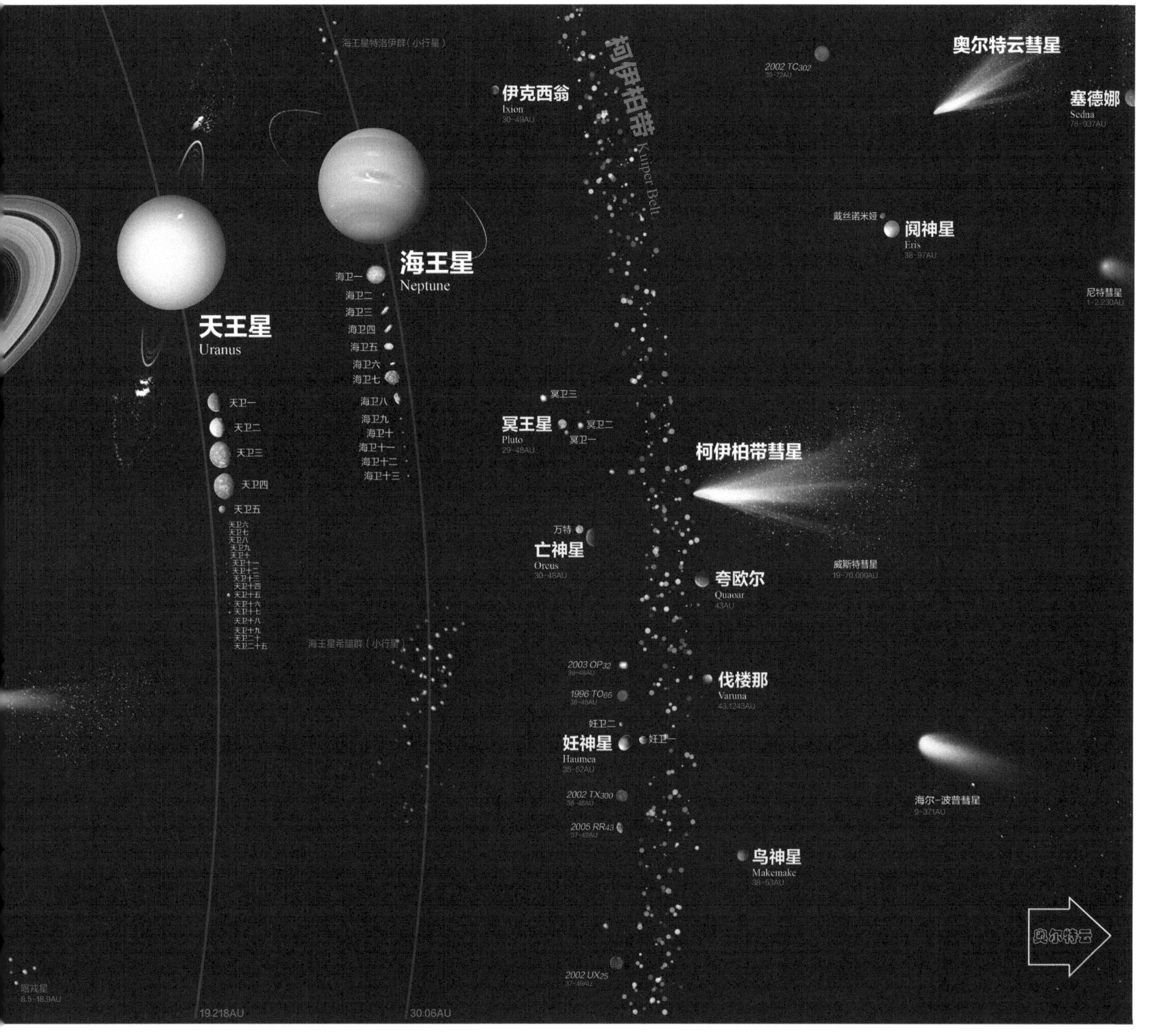

为典型代表。

从柯伊柏带再往外，迎接我们的是第五层“蛋清”——奥尔特云。根据彗星的运行轨道，科学家推测奥尔特云中应该有大量类似彗星的天体，它们大多由冰和尘埃组成，就像“脏雪球”那样。

太阳光从太阳照到地球上只需要八分钟，但照到奥尔特云则需要几个月。所以，奥尔特云比柯伊柏带更冷、更黑暗，以至于科学家还无法直接看到位于该区域的天体。无论是测量热辐射的红外探测技术，还是光学观测手段，都对它无可奈何。

“哦，它们就像黑屋子里的煤球，真黑！”

3. 一家人就要整整齐齐

“社会要有秩序，每个人都应该加强自律。”

“这位小朋友，你上学了吗？开学第一天，老师对你们的要求，就是坐有坐相，站有站相。小脚并拢，小手放好，对吗？”

我们的太阳系，也是一个“大家庭”，它由各种类型的天体组成，特别重视秩序。不然，这些星球间要总是“追跑打闹”，那还了得。

大家庭的成员很多，有太阳、八大行星以及它们的 160 多颗卫星、矮行星（或类冥矮行星[①]）和小天体（小行星、彗星、流星体以及其他的天体）。如果你听了这些星的名字，还有些傻傻分不清的话，那么，给你简单介绍一下，这其中只有太阳是恒星，是自己能发光发热的。八大行星是绕着太阳转的主要天体，卫星又是绕着行星转的天体。拿《红楼梦》来说，如果把贾母比作太阳，八大行星则是她的子孙，这些子孙还有自己的佣人。至于矮行星、小行星、彗星、流星体，它们虽然也绕着太阳转，但都是些体积较小、未能长大成行星的小天体。

① 轨道平均距离比海王星更远离太阳的矮行星。

② 原文为 "My Very Excellent Mother Just Sent Us Nine Pizzas"。

③原文为 "My Very Easy Method Just Simplifies Us Naming Planets"。

太阳位于中心，是太阳系的主宰，也是唯一的“家长”。太阳占太阳系总质量的 99.86%。

太阳系中的所有天体，甚至所有的气体和尘埃物质，全部都是绕太阳运行的。与太阳相比，它们都是小不点——把它们全都加起来，也只占太阳系总质量的 0.14%。

地球是我们的母星，是人类唯一的家园。但不要因为和自己关系更亲近，就非要说它是宇宙中心哦！从行星科学的角度来讲，地球首先是一颗行星，跟其他行星一样，有行星的特点和属性。明确地球的行星属性，对我们客观认识这个世界很有帮助。在太阳系中，地球既特殊，又普通；既微不足道，又至关重要。

除了行星，太阳系还有一个“小人国”——小天体，里面有三大家族：小行星、彗星、流星体。其中，小行星是岩石或金属天体，大部分位于火星和木星之间的小行星带上。也有一些小行星跑到地球附近，威胁我们的安全，这些捣蛋鬼叫近地小行星。

彗星是绕太阳运行的小而冰冷的天体，平时远离太阳，毫不起眼，但一旦来到太阳附近，就竖起长长的“尾巴”。

“哼！彗星肯定是个马屁精。”

流星体是穿过太空的小天体，它们由岩石或金属构成，比小行星要小得多。

“别想顺手牵流星，会被冻掉手指的。”

西方有两句顺口溜，可以帮他们轻松记住行星距离太阳由近到远的顺序（包括冥王星）：“好妈妈刚给了我们九块披萨[②]”和“给行星命名太复杂？我有化繁为简的轻松法[③]”。句中九个单词的首字母分别对应水星（Mercury）、金星（Venus）、地球（Earth）、火星（Mars）、木星（Jupiter）、土星（Saturn）、天王星（Uranus）、海王星（Neptune）、冥王星（Pluto）的首字母。当然，对很多中国的小朋友来讲，这种方法还是比较难的，因为要学的单词太多了。

为了解决大家的困难，火星叔叔自创了两句诗：水金地火岩石星，木土天海气态星。短短 14 个字，不仅概括了八大行星的顺序，还说明了八大行星可分为两类：岩石星球和气态星球。后来，火星叔叔又把这两句诗扩展了一下，写成了一首歌哦！

“今天高兴，火星叔叔就给大家献个声，唱一下

哈雷彗星照片

这首《太阳系之歌》。此处应该有掌声。”

太阳系大家庭 大小天体飞不停
太阳伯伯居中间 八大行星绕它行
卫星自转公转绕行星
月亮阴晴圆缺照古今
好让地球人抒发无比深情

不是还有冥王星吗?
咦,它不是行星
那是什么?
那是一颗矮行星

水金地火岩石星 木土天海气态星
居中有那小行星带
长长尾巴彗星与流星
遥远柯伊柏带新大陆
迷茫奥尔特云看不清
好让地球人探索无尽太空

海洋森林大气层 磁场屏蔽太阳风
水流土壤育生命 阳光雨露赋新能
少年胸怀宇宙天地宽
美好蓝色星球是家园
太阳永灿烂 地球山水清
太阳永灿烂 地球山水清
……

从体积上看,最大的行星是木星,接下来分别是土星、天王星、海王星、地球、金星、火星、水星。木星质量是地球的318倍,体积是地球的1300多倍,可以装下1300多个地球。木星的体积非常大,甚至

行星	轨道（千米）	直径（千米）	卫星（颗）	质量（千克/倍地球质量）	引力（重力加速度）
木星	778412020	142984	79	1.900×10^{27}/371.82	2.14g
土星	1426725400	120536	62	5.68×10^{26}/95.16	0.91g
天王星	2870972200	51118	27	8.681×10^{25}/14.371	0.86g
海王星	4498252900	49528	14	1.0247×10^{26}/17.147	1.1g
地球	149597890	12756.28	1	5.792×10^{24}/1	1g
金星	108208930	12103.6	0	4.869×10^{24}/0.815	0.91g
火星	227936640	6794	2	6.4219×10^{23}/0.10744	0.38g
水星	57909175	4879.4	0	3.30×10^{23}/0.055	0.38g

八大行星基本数据

可以把太阳系所有其他天体都放进去。

“哎，那位小朋友，别听到‘木’字就找爸爸要打火机哦。木星上没有木头，土星上没有土，火星上没有火，金星上没有金子，天王星和海王星上也没有王。所以，用名字给行星分类是没有意义的，还是用我上面教的方法记吧。”

根据与太阳的距离远近，八大行星分为内行星与外行星。水星、金星、地球、火星是内行星，它们的共同特点是体积较小，主要由岩石组成，密度高，没有或最多两颗卫星，自转速度慢，有固态外壳和金属核心。由于与地球相似，也称为“类地行星”。在地球上，我们用肉眼就能看到它们。

木星、土星、天王星、海王星是外行星，它们多数体积巨大，密度小，都有环带，卫星众多，自转速度快，无固体外壳，有浓密的大气。由于与木星相似，又被称为“类木行星”。其中，木星和土星在地球上可以用肉眼观察到，但若想捕捉天王星和海王星的“倩影”，就得借助望远镜的力量了。

“嗯，我知道了，只有金木水火土，是肉眼可见的行星。”

类地行星和类木行星的性质截然不同，前者（气态行星）比后者（固态行星）的密度小得多。其中，地球是太阳系中密度最大的行星，而土星是密度最小的。

“阿基米德是不是说过：‘给我一盆水，我能让土星浮起来。’”

“他老人家的原话是：‘给我一根杠杆，我能撬起整个地球。’”

“但如果把土星放进水里，它确实可以浮起来！”

4. 捣蛋的冥王星和他的小团伙

最近，太阳系的纪律不太好，让班长太阳有点头疼，因为有个“害群之马”，差点带坏了一个班的风气。

太阳系的“行星班”原先有九个学生，冥王星是个头最小的那个，但因为体重不达标，最后被开除了。

冥王星

被“行星班”开除后，它也没其他地方可去，就自行成立了一个“矮行星班”，一举成为班上的老大。别看冥王星个头不大，行动起来却是特立独行。就拿绕太阳转这件事来说，其他八位学生的路线中规中矩，基本上都趋近于圆形，只有它非要走椭圆形路线。其他学生基本在黄道面上运动，而冥王星却在黄道面的上下穿来穿去，偏离黄道面 17 度。虽然“行星班”那些中规中矩的优等生都认为它是不务正业的中二病患者，但矮行星们却将其视为桀骜不驯的榜样。

话说，人们在刚发现冥王星时，还以为它很大，把它当作行星，于是“行星班”的学员就扩大成九位。但随着时间的推移，人们发现它其实很瘦小，太阳系还有很多跟它个头相似的星球，于是就把它降为“矮行星”了。

“那么，冥王星有什么特征呢？人们又是怎么发现那些比它更远的星球呢？它为什么会被降级呢？”

1930 年，天文学家汤博首次用天文望远镜发现了冥王星。之后的一段时间里，人们曾错误地以为它与地球差不多大，所以将其作为“行星班”第九位“学员”。然而，它的卫星“卡戎”暴露了真相。天文学家根据卡戎与冥王星的运动，计算出冥王星的质量——还不到月球的五分之一。这可比班上其他八位“学员”小多了。这是人们想开除冥王星“行星”资格的第一个原因。

从 1987 年开始，当冥王星还是“行星班”学员时，两位天文学家开始寻找比海王星甚至冥王星更远的“学员”，这个任务被称为“寻找第十行星”。他们不断地对天空中的一片片区域进行拍摄，仔细对比

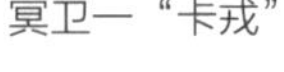

冥卫一“卡戎”

前后差别，争取发现新“学员”。经过5年的艰苦奋斗，到了1992年，他们终于发现了比海王星更远的星球，当时它与太阳的距离是日地距离的44倍左右。不过，它虽然比海王星远，但体型比冥王星小很多，所以并没有成为第十位“学员”。此后的十几年间，人们陆续发现了上千颗比海王星甚至冥王星更远的星球，但它们全都比冥王星小不少。

2005年，人们终于观测到一个可以与冥王星相抗衡的星球，当时分析认为，它比冥王星重27%，直径也比冥王星大。它每隔557年绕太阳运转一周，在远日点时，它与太阳的距离是日地距离的100倍左右，大概相当于冥王星与太阳距离的两倍。因此，这个星球的发现者把它称为“第十行星”，取名为“埃里斯”。在希腊神话中，“埃里斯”是专门挑起争端和战争的女神。中国人则称它为“阋神星”。《诗经·小雅·棠棣》云：“兄弟阋于墙，外御其侮。”意思是说，兄弟在家里虽有分歧，但一旦遇到外敌，仍能团结起来一致对外。而“阋”的意思正是“争吵”。这么看来，“阋神”与希腊神话中的“埃里斯”简直就是一丘之貉。

“阋不读作ní，读作xì。”

“噢，刚听你讲的时候以为是‘戏神’呢！”

人类似乎终于找到了“第十行星”。但冥王星和阋神星这对好哥俩都比其他八位“学员”小得多，如果将它们都列为“学员”，其他大大小小的星球显然也有希望转到“行星班”。这迫使天文学家做出选择：要么正式把冥王星从“行星班”上开除，要么让新发现的星球加入“行星班”的队伍。

2006年，国际天文联合会大会在捷克首都布拉

“阋神星”和其卫星

格召开，近三千位中外天文学家参加。在“是否将冥王星从行星家族中开除并降级为矮行星”的问题上，四百多位天文学家进行了投票，90% 左右的人投了赞成票。但参会的美国天文学家都投了反对票，因为冥王星是第一颗由美国天文学家发现的行星，被美国人民亲切地称为“美国行星”。

“到底什么是矮行星？和行星、小行星又有什么区别呢？”

根据天文学定义，矮行星的主要特点是：围绕太阳公转；不是行星的卫星；质量足够大，能克服固体应力，使其达到流体静力学平衡，让自身保持圆球形或椭球形；在公转轨道上会受到相邻天体的干扰。这样，太阳系就有了三种不同的“行星”：行星，矮行星，小行星。其实，从严格意义上，矮行星是小行星的一类。

“我看，冥王星和其他小不点同学并没有什么区别，虽然得了个不一样的名头，也只能算是给个安慰，就和当年齐天大圣就任‘弼马温’类似，内心会好受一点而已。”

5. 谁是幕后大 Boss？

冥王星被降级为矮行星后，“行星班”就只剩下八位学员了。不过，冥王星虽然被降级，却依然受到天文学家的高度重视，因为它是遥远的柯伊柏带中，离人类最近、理解最深入的星球。在发现大量比冥王星更远的星球之后，天文学家将这类遥远的矮行星统称为“类冥天体”，即柯伊柏带中类似冥王星的小天体。因此，冥王星成为柯伊柏带中的“大哥大”。据说，冥王星对此还发表了“宁做鸡头，不做凤尾”的感想，很是傲娇。

但人类寻找下一颗行星的脚步是否就此停止了呢？并没有。根据海王星外一些天体的运动特征，天文学家猜测，有一颗尚未被发现的行星，在干扰海王星外一些天体的运动轨道。他们认为，这颗新行星有 10 个地球那么重，距离太阳极其遥远，绕太阳一圈要 10000 ~ 20000 年，而冥王星绕太阳一圈才 248 年呢！

现在，天文学家一方面在理论上继续研究未知行星存在的可能性；另一方面也在积极借助望远镜观测和寻找。据计算，如果这颗行星真的存在，天文学家会在未来几年内观测到它，那时它就有可能真的成了第九大行星了。那么，“行星班”就又会有九位学员了，只不过第九位学员，已经不是冥王星了。

“新行星的发现将再一次拓展太阳系的边疆。谁最先发现它，谁就将被载入史册，大家赶快加入寻找新行星的队伍中来吧！”

6. 妈妈们再也不用减肥了？

“很多人其实并不胖，但仍然每天减肥，乐此不疲。告诉你们火星叔叔见到过的最胖的人，是在美国休斯敦参加一次月球与行星科学的研讨会上见到的，至今让我印象深刻。他的身高和体宽几乎相等，头部以下简直就是一个正方形。他一坐下，凳子连他屁股的三分之一都罩不住。”

“天哪……”

生活越来越好，体重越来越高。光溜溜的人是没法说自己像猫一样并不胖，只是有些毛茸茸。于是，很多苦恼的虚胖人士每天都想着各种减肥“妙招”：有些人吃泻药拉肚子；有些人不吃肉光吃素；有些人每天狂走；甚至还有人发明了甩脂机，希望不用运动就能减少脂肪。然而，这些方法最终可能都没用，折腾了半天，你还是圆润如初。

“唉，生不逢时啊。要是出生在唐朝，我这胖度，肯定是百里挑一的美娇娘啊。”

在这里，火星叔叔给你支个小妙招，效果保证立竿见影：如果你想减肥，不妨移民到其他星球。你一站上体重计，妈妈看到上面的数字，就再也不用担心了。因为在其他星球上，你的体重不仅取决于你的质量，还取决于你所处星球的质量，以及你离这颗星球中心的距离。

行星表面重力最强的行星是木星。值得注意的是，虽然土星、天王星和海王星的质量也非常大，至少比地球大，但它们的表面重力却与地球大致相同。这是因为行星表面的重力与质量成正比，但与行星半径的平方成反比。也就是说，体重相仿两个人，如果其中

木星

小行星（喻京川 作品）

一人看着更胖一些，那他很可能是虚胖。

“‘星际减肥法’纯属戏言，不要当真。减肥并没有捷径可走，大家还是要管住嘴，迈开腿，该运动时一定要运动。一句话，减肥贵在坚持。”

7. 跨星恋

别看这些行星在太空中四处游荡，似乎无组织无纪律，实际上它们是受到严格监管的。而监管它们的正是一双“无形之手”——太阳巨大的引力。

行星们必须沿着各自的轨道，以不同的速度围绕太阳运转，这一速度被称为“平均轨道速度”。行星绕太阳运行的轨道大致是椭圆形，它们离太阳越近，运行速度就得越快，不然就会被太阳吞进去。为了保命，行星越是靠近太阳，越是玩儿命前行；远离太阳时则会松口气。

行星上的一年，是指行星绕太阳公转一圈所需的时间。由于行星绕太阳一圈的时间各不相同，所以每颗行星上的“一年”长短不一——距离太阳越远，它的 1 年就越长。比如，水星上的一年只有 87.96 天，但木星上的一年相当于地球上的 12 年，而冥王星上的一年更是相当于地球上的 248 年。

“我的天哪，假设地球人的平均寿命是 80 年，那他在冥王星上只能活三个月左右……”

行星上的一天，是指行星自转一圈所需的时间。

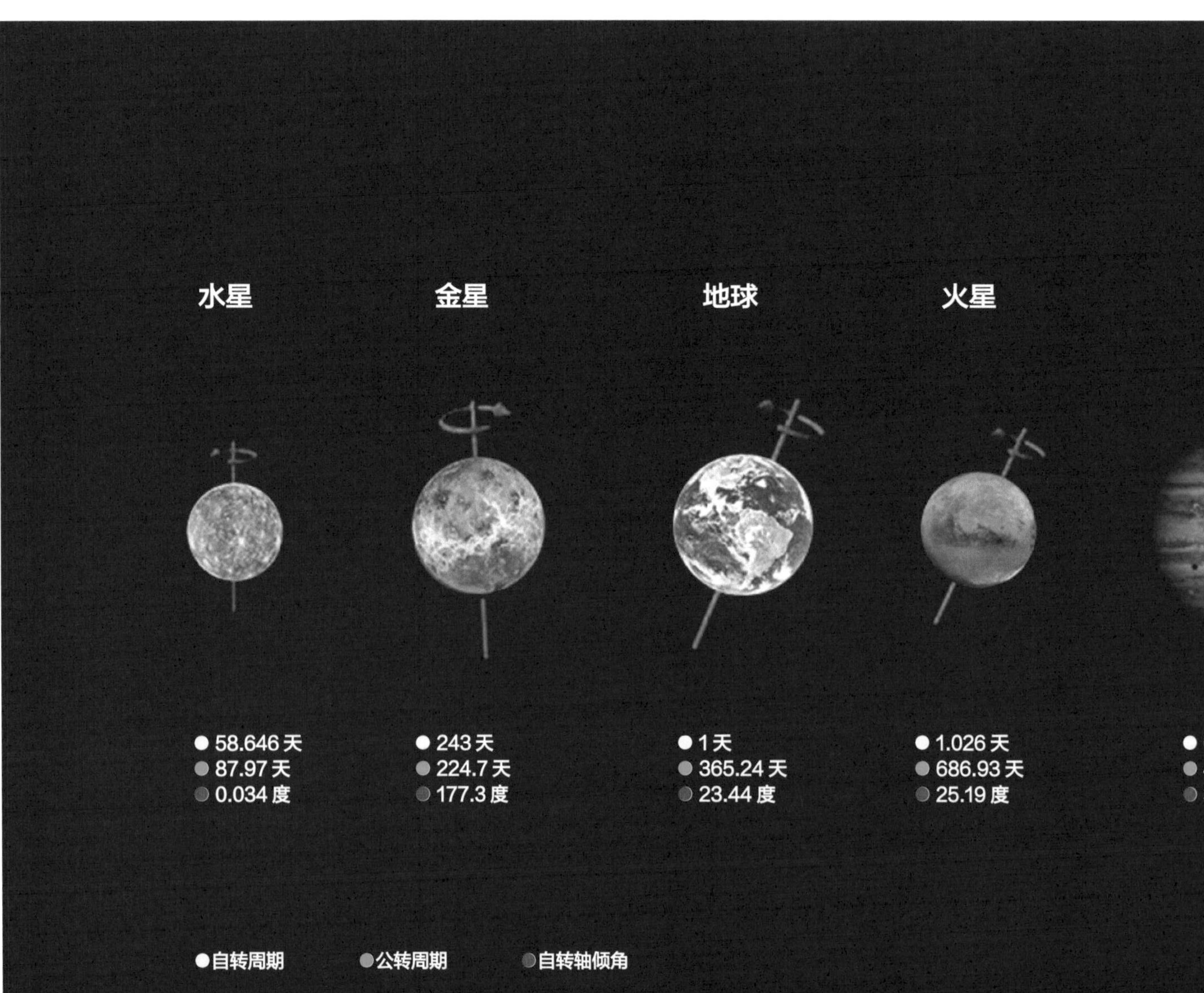

木星上的一年很长，但一天却最短暂——只有 9.8 个小时。因此，木星是太阳系中自转最快的行星！正因木星像体操运动员似的，转得如此之快。所以，当你从地球观察木星时，可以在短时间内看到它的某些特征变化，特别是它身上那个大“痦子”——其实那是风暴眼啦。敢说丑就吸走你哦！

地球上的一天约为 24 小时，金星上的一天最漫长，相当于地球上的 243 天。但金星上的一年却只相当于地球上的 224.7 天。也就是说，金星上的一天比一年还要长！金星绕太阳转了一圈，可自己都还没转完一圈呢。

讲个笑话，有个小伙子去相亲，媒人介绍了一位 29 岁的金星美女给他，他听完美得不行。结果，他兴冲冲地登上金星，把这位美女迎回了地球。到了家里，他的父母也很高兴，妈妈看着未来的儿媳，犹豫着开了口：

“姑娘，你今年多大啊？”

“嗯……阿姨，我在金星上是 29 岁。”

“啊？儿子，妈没太明白，金星上 29 岁什么意思？你帮我算算？”

小伙心里盘算：这个，金星上的一年等于地球上的 224.7 天，那么……29 乘以 224.7，再除以 365……嗯……

“妈，她……应该有 17.85 岁”

“啊！她还未成年？……”

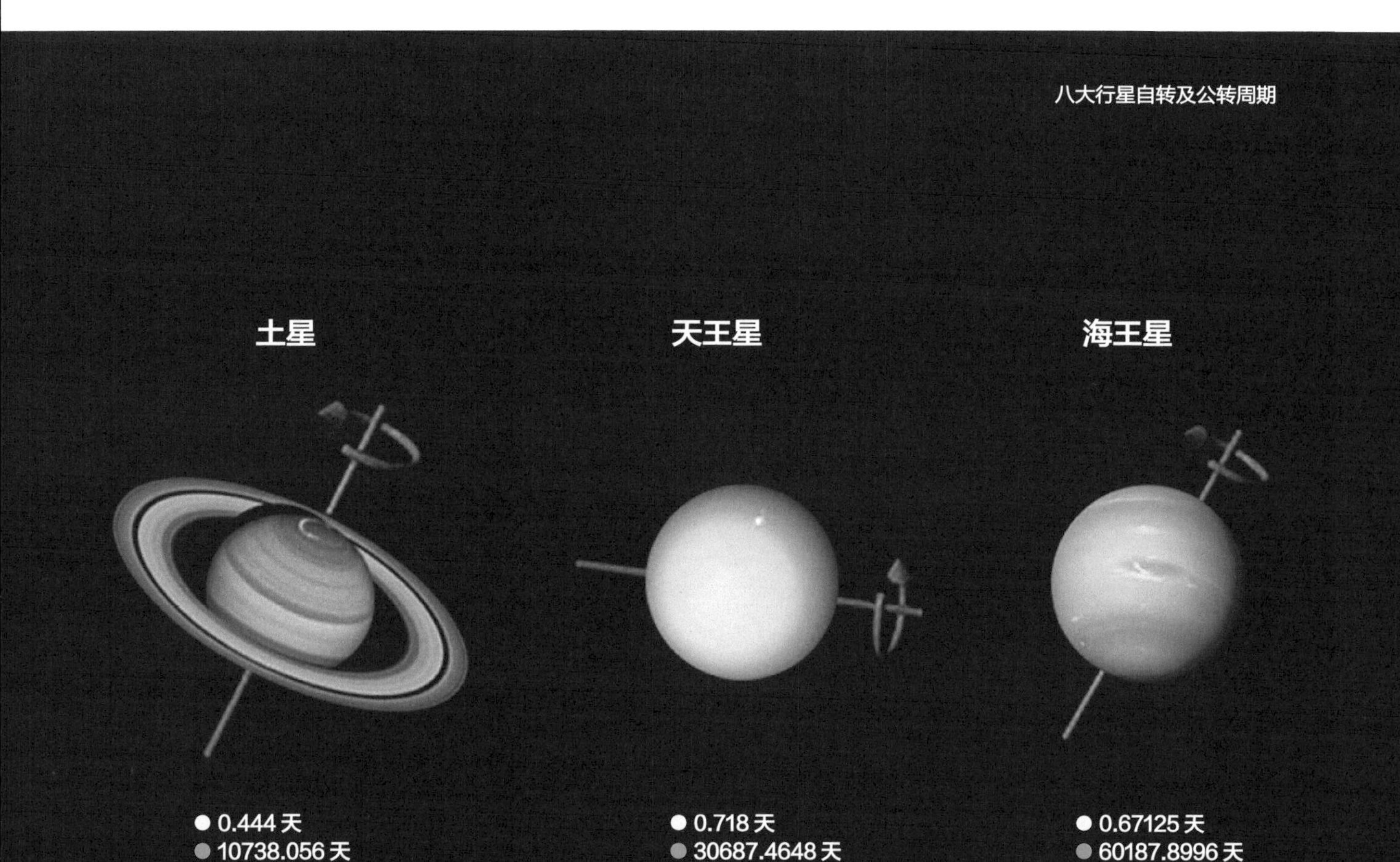

天涯（喻京川 作品）

第六章 从银河系到宇宙尽头

我们已经飞出太阳系啦！现在，大家用望远镜往外看，会发现景色已与此前大不相同。在远方的天空中，每颗恒星看着似乎很小，实际上可都是一颗颗巨大的发光气体球。有人说，那不是到了灯具城吗？其实并没有！太空，太空，按火星叔叔的理解，就是太！空！旷！了。在星辰大海中，黑暗是绝对的主角，星星点点的星系和星云，就像点缀在大海上的一个个岛屿。

1. 银河系花园

恒星托儿所

“咦，太阳在哪里？”

看来大家都没注意啊！在太阳系里，大家都沐浴着阳光，视线却很难直面太阳——它实在太亮了。可现在呢，大家随意指出的一颗恒星，都不比太阳差——原来，离我们最近的太阳，只是一颗中等大小、中等质量、中等寿命的普通恒星。

人是群居动物，喜欢扎堆活动。即便到了太空，这里的氛围仍对单身人士很不友好。在宇宙中，恒星很少孤零零地存在，大多以至少两颗的形式出现。两颗恒星在各自的轨道上绕共同的质量中心运行，称为双星系统。至少有一半左右的恒星，都属于双星系统。

“那另一半孤单的恒星呢？”

“这个嘛……它们表示不接受采访。”

我们每个人都是母亲十月怀胎，从妈妈身上的胎盘中脱胎而出的。同样，星云是孕育恒星的“胎盘”。星云是由星际气体和尘埃结合成的云雾状天体，气体主要是氢气、氦气和其他电离气体，与太阳的成分相似。每当受到周遭因素的影响，这些气体会被压缩，从而引发核聚变，最终发光发亮，形成恒星。因此，星云就像是恒星的托儿所，看着一颗颗恒星在它的体内缓缓点亮。当星云中形成的恒星数量较多时，它们可能会形成相对无组织的恒星群，称为星团。

巨大且有组织的星团则称为星系，所有星系都是通过引力作用聚集在一起的。银河系是螺旋状星系，其中的数千亿颗恒星，主要围绕螺旋星系的中心运转。根据宇宙大爆炸学说，我们观测到的全部星系，都是高密度的原始物质，由于密度发生起伏，它们间开始相互嫉妒，起了内讧，引力不稳定，使物质不断膨胀，逐步形成原星系，并演化为星系团。

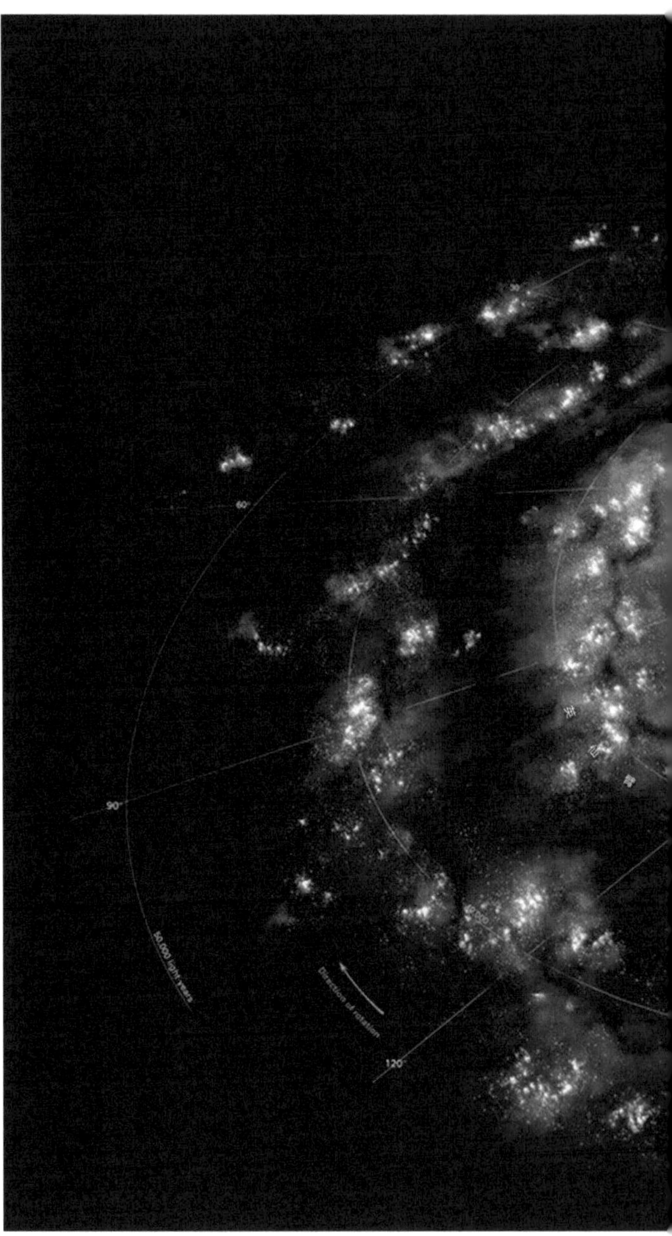

星星知多少

银河系是太阳系所在的恒星系统，是人类的发源地，也是地球的家园。从地球上看去，数千亿颗恒星投影在天球上的乳白色亮带，就像一条银白的河流，这正是“银河系”之名的由来。但是，这条我们眼中的“玉带”，其实是个中间厚、边缘薄的“圆盘”，或者说透镜也可以。高光度星、银河星团和银河星云组成旋涡结构，在这个银盘上层叠错落，让其被银色光晕所笼罩。而银河系之所以是个“盘子”，都得怪它的两个“邻居”——大、小麦哲伦星系。这两个有上百亿颗恒星的不规则的矮星系绕银河系运转，相当于银河系的卫星“星系”。在它们的影响和作用下，银河系最终出现了盘面弯曲。

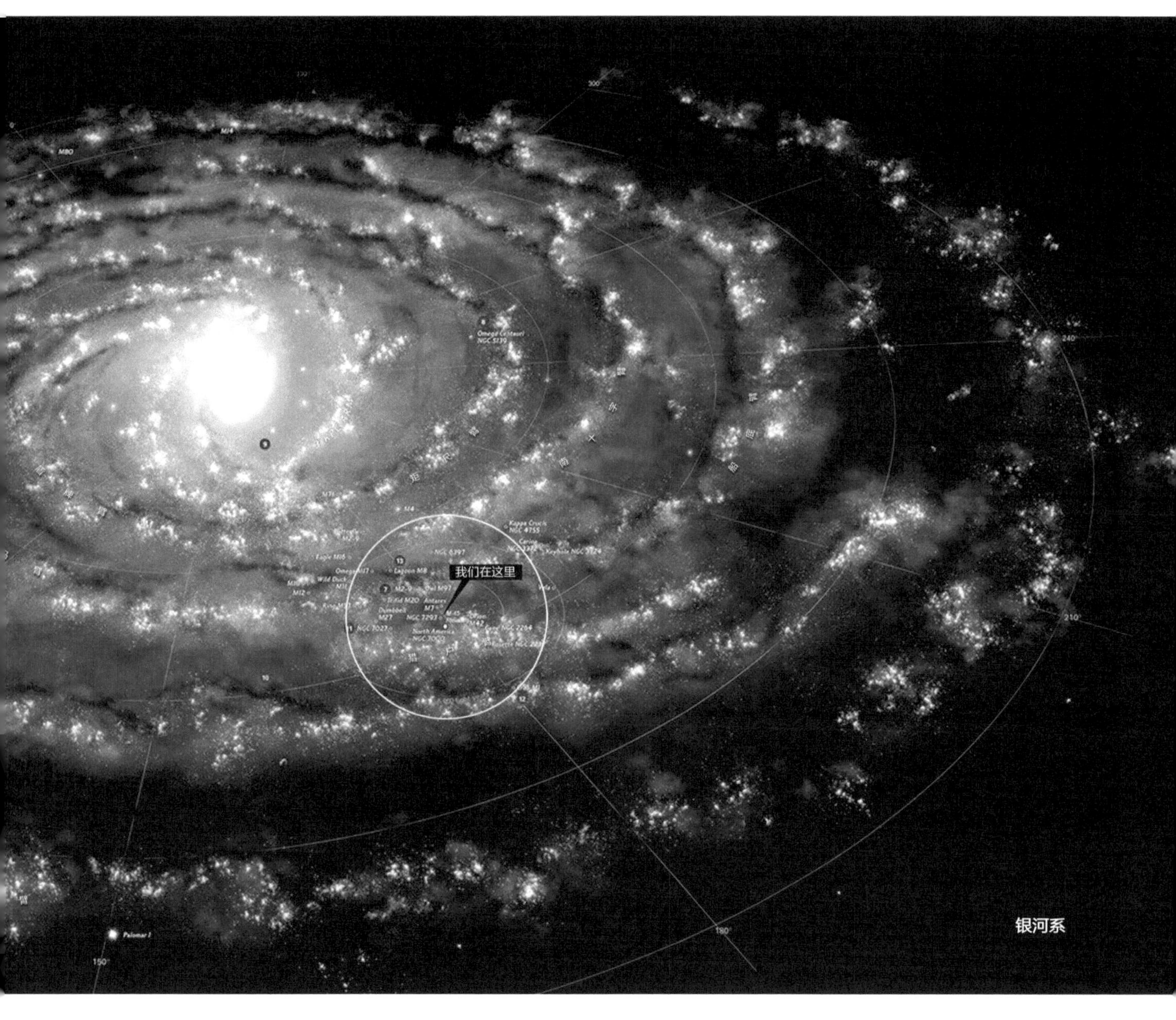

银河系

实际上，除去这两位“保镖”外，银河系中还有很多“原住民”。在银河系中，大约有2000亿-4000亿颗恒星，我们在地球上仰望星空时，所看到的一切几乎都属于银河系。但是，无论观测位置在哪儿，我们最多也只能看到约2500亿颗恒星。也许你会觉得：“哇，银河系里有这么多星星啊！那它在宇宙里一定排得上号吧！”遗憾的是，银河系并不大，只能算中等。我们已知的最大星系是IC 1101，其中有超过100万亿颗恒星。其他的大型星系，也有多达1万亿颗恒星。所以，在浩瀚的宇宙中，银河系是一个普通“人”。

“银河系究竟是什么样子呢？我们又在银河系的哪里呢？”

“小朋友，这个问题问得好”。

银河系的质量为太阳质量的1.4×10^{11}倍，其中恒星约占90%，气体和尘埃组成的星际物质约占10%。银河系的直径约为10万至12万光年（厚度不到7000光年）。如果有机会飞到银河系上空俯视，会发现它就像个巨大的漩涡，这个漩涡由四条旋臂组成。太阳系位于猎户臂的内侧，距银河系中心约27000 光年。太阳和太阳系绕银河系一周要 2.5 亿年左右。在旋臂上，我们以约 250 千米 / 秒的速度飞行。

“是不是比游乐园里的‘海盗船’还爽？”

“什么呀，地球在转，太阳在转，太阳系在转，银河系也在转。我都要转晕了。有没有什么不转的啊？停……”

委屈的恒星宝宝

“大家现在想一下，当你挤压夹心棉花糖会发生什么？对了，里面的馅儿会流出来。”

同样地，若你用力“挤压”云团，它会坍缩并释放热量，巨大的热量会将气团加热，直至发生核聚变，产生更大量的热和辐射，恒星由此诞生。这一场景壮丽得想让我给它加首背景音乐，以庆祝它们的降生。但是，新生恒星可不像小宝宝刚出生那样，能收到亲戚的礼物。它委屈得要命，于是中心的原子核发生强烈碰撞，并重新组合，形成新的原子，并释放大量能量，使恒星们变得明亮起来。所以，每颗恒星实际上都是一座“号啕大哭”的巨型核反应堆。在大多数恒星中，发生的反应都是将氢原子转化为氦原子，同时释放出大量能量。由于这种反应会让原子核聚合在一起，形成新的原子核，因此称为核聚变，这些我们在游览太阳时讲过。

恒星诞生后，还有漫长的时光等待着它们——一颗恒星从诞生到死亡，可以连续发光发热几十亿年。约 50 亿年后，随着核燃料耗尽，恒星外部膨胀，成为巨星，最终将会爆炸、内核收缩，变成暗淡而寒冷的天体。根据最初质量的大小，恒星最终的命运不同，可能分别变为黑矮星、中子星或黑洞。也许你会认为，较小的恒星很快就能烧完，寿命也更短些。但质量大的恒星，其实内部反应更剧烈，核燃料消耗得更快，因此它们的寿命才最短。

很多人以为天文学家的工作是每天拿个望远镜看看星空，而且是两个孔的那种望远镜。实际上，现在科研用的光学望远镜，往往不是为了发现某颗恒星，而是希望测得这颗恒星的光谱，以此研究它的化学成分。比如，中国科学院国家天文台主持建设的郭守镜望远镜（大天区面积多目标光纤光谱天文望远镜，LAMOST），就是横卧于南北方向的中星仪式反射施密特望远镜。它的焦面上放置了 4000 根光纤，可以同时获得 4000 颗恒星的光谱信号。根据光谱信号，我们得到了恒星的主要特征，进而把恒星进行分类，再对其中的特殊恒星进行精细研究。

“哦，这不就是人口普查么！”

“对，这叫巡天，是做恒星的人口普查。”

顽皮不是我的错

“一闪一闪亮晶晶，满天都是小星星，挂在天上放光明，好像千万小眼睛。”

当我们从地球上观察恒星时，恒星一闪一闪的，这种现象被称为“星闪”。然而，恒星们都是一本正经的，才不会让你看见它们调皮呢！所谓的“星闪”，并不是它们真的在“眨眼睛”。在夜空中，除太阳外的恒星都是一个个小不点，当星光穿过地球大气层时，会遇到冷空气或热空气，这些气体不停地运动，密度不断变化，星光就会发生弯曲，也就是折射，这导致恒星看起来就像是移动了一点，而我们的眼睛则将其解读为“闪烁”。

“哦，我知道啦，把一根筷子插入水中，看起来就像筷子被折断了，和‘星闪’是一个道理，都是光的折射导致的。”

“太对啦！”

靠近地平线的恒星，似乎比头顶的恒星闪烁得更厉害，这是因为地平线附近的星光，要比头顶的星光穿过更厚的大气层，就会被更多次地折射。此外，行星通常不会闪烁，因为它们足够大——除非地球大气流动非常紊乱，否则行星“闪烁”效果不会特别明显。

如果我们从太空中，或没有大气的星球上看星星，比如像现在这样——看，它们正襟危坐，多严肃！

地球大表哥

“火星叔叔，我们飞出太阳系这么久了，前面我们看到的都是恒星，这些恒星有没有行星呢？”

“问得好，它们正是我要介绍给你们的‘新朋友’——系外行星。”

许多人很好奇：宇宙这么大，像太阳这样的恒星实在是太多了，甚至远比海滩上沙子的数量还要多。那么，它们是否也有自己的行星呢？如果有的话，其中会不会有长得和地球很像的呢？甚至有人开始思考，其他星球上有没有和人类一样的智慧生命呢？

1977 年，人类历史上首次发射了飞往太阳系外的飞船——旅行者 1 号和旅行者 2 号。它们各自带着一张金唱片，唱片里录制的内容包括：用 55 种的人类语言说出的“行星地球的孩子们向你们问好”。值得一提的是，里面除了普通话之外，还收录了吴语、粤语等三种方言。除此之外，还有地球上各种各样的声音，比如婴儿的哭声、鲸鱼的叫声、海浪拍打沙滩的声音等，这些都是为了向宇宙中可能存在的“外星生物”，表达人类友好的问候。

不过，对于那些特别想要找到宇宙中其他生命的人们来说，“旅行者 1 号”和“旅行者 2 号”飞得实在是太慢了。就算是跑得更快的“旅行者 1 号”，也需要几万年才能抵达下一颗恒星附近，但人类的寿命实在太有限了！于是有科学家提出，要不然，我们就自己用望远镜来好好地找一找，看看其他恒星到底有没有行星？这时，更大的问题出现了——这些恒星离我们实在是太远了，它们的光芒又太亮了——从望远镜里根本不可能看清它们周围到底有没有行星在绕圈呀！

经过一番冥思苦想，聪明的科学家终于找到了几种解决方法，比如，有的行星在绕着恒星转圈时，会时不时地跑到恒星面前，把恒星发出的光芒挡住一点点，就像日食一样。既然存在这种规律，我们只要注意一下，哪些恒星发出的光芒会被挡住，就知道它们的身边是否有行星了。还有那些“大块头”的行星，在绕着恒星转圈时，会用引力把恒星拉扯得有点儿左右摇晃，那么我们就要注意一下，哪些恒星会像喝醉酒一样东倒西歪，就能知道它们身边一定有行星啦！

终于，在 1992 年，两位美国科学家合作，发现了第一颗太阳系外的行星。随着这样的行星越来越多地被发现，人们就给它们起了个专门的名字，叫“系外行星”。

“系外行星”家族越来越庞大，科学家不再满足于在地球上进行观测。“哈勃”太空望远镜发射升空后，虽然很成功，但并不能用来寻找系外行星。有的科学家就想：为什么我们不能发射一台专门用来寻找系外行星的太空望远镜呢？于是，就有了专门用来寻找系外行星的开普勒空间望远镜，它于 2009 年进入太空。这台望远镜有着高超的本领，特别擅于寻找系外行星，尤其是那些长得像地球的系外行星。它的工作效率很高，眼睛也很灵敏，每天都能紧盯约十万颗恒星。只要有一颗恒星的光芒被稍微挡住一点点，它都能感觉到，然后就会告诉地面上的工作人员：“注意啦！注意啦！这颗恒星好像有自己的行星！”从开始参加工作到现在，它已经发现了两千多颗系外行星了，其中有不少都长得像地球！

“那到底有多像呢？”

激动人心的事发生在 2015 年 7 月 24 日。开普勒望远镜发现了一颗系外行星，它绕着转的恒星几乎和太阳一模一样，而它自己又和地球长得特别像，甚至可能有大量的水和相似的大气层！因为这颗恒星是它观测到的有行星的第 452 颗恒星，这颗系外行星又是离它最近的一颗行星。在天文学领域，常用英文字母 a 代表恒星自己，从 b 往后代表围绕该恒星公转的行星，离该恒星越近，字母越靠前。开普勒望远镜发现的这颗行星，是离这颗恒星最近的行星，于是被叫作“开普勒 452b”。不过，因为这颗系外行星跟地球实在是太像了，人们很快就给它起了一个外号——“地球的大表哥”。

可惜，这个“表哥”是远房亲戚，住得离我们太远了。以现在人类的技术，就算是坐上最快的飞船，也至少要两千五百多万年才能到达那里。当然，虽然尚无足够的证据可以证明开普勒 452b 上有生命存在，但仅仅是知道地球还有这么一位远房“大表哥”，就已经很让人兴奋了。

长期的辛苦工作，让开普勒望远镜的身体一天不如一天。2013 年，它的一条“腿”（控制方向的动量轮）瘸了。科学家想了很多办法，仍没能彻底治好逐渐老去的它。现在，它已经准备退休，美国国家航空航天局会发射一台新的太空望远镜，继续完成它的事业。仔细想想，在如此艰苦的条件下，开普勒望远镜仍能坚持工作，实在是太不容易了。

“是太不容易了，等它回来，给它颁发一个劳动模范奖吧！”

2. 来自宇宙的电波

爱蹦迪的另类

“蹦嚓嚓，蹦嚓嚓。嘻唰唰，嘻唰唰……”

“能不能别蹦了，声音太大，吵死了。”

就像我们每个人都有各自的特点一样，中子星是宇宙中的“另类”。一般的物质由原子构成，原子中包括质子、中子和电子。可中子星只包括中子，就像有人吃饺子只吃馅里的葱一样。而在中子星中，脉冲星独爱蹦

开普勒太空望远镜

迪——它们是发出规则短周期脉冲辐射的中子星。

1968 年 2 月，《自然》杂志发表休伊什研究组的论文，他们用射电望远镜收到了来自太空的无线电信号。这台射电望远镜于 1967 年 7 月正式投入使用，能够识别快速变化的脉冲信号。一天，当休伊什和学生们观测 3.7 米波长时的辐射信号时，发现了来自狐狸座的射电脉冲信号，这种信号的脉冲周期极短，仅为 1.3373 秒。次日的同一时间，在同一天区，望远镜又收到了这种奇怪的脉冲信号。不久，休伊什他们发现，天上好像有一个大“迪厅”，因为在其他天区又陆续出现好几个脉冲信号源。最终，休伊什的博士研究生贝尔发现了这颗发出射电脉冲的脉冲星。

“哇，宇宙居然也有脉搏，这是不是宇宙的心跳声呢？”

脉冲星的符号一般为 PSR。如第一颗脉冲星就记为 PSR1919+21。其中，“1919”表示这颗脉冲星的赤经是 19 度 19 分，“+21”表示脉冲星的赤纬是北纬 21 度。

最令人惊奇的是，脉冲星蹦得实在太过欢快——它们的辐射变化得非常迅速。随着探测器分辨率的提高，脉冲的精细结构也分辨得更为清楚，连万分之一秒的射电强度变化也能看得出来。如此高频的“心跳”，表明脉冲星的体型非常小，直径不会大于几十千米。

脉冲星的发现，成为 20 世纪 60 年代的四大天文发现之一。此后的 30 多年间，人类对脉冲星的了解逐步深入。截至 2002 年 8 月，人类在各种波段发现的脉冲星已有 1500 多颗。

“发现脉冲星可是获得了诺贝尔奖的，火星叔叔，你也去拿一个诺贝尔奖吧！”

“……呃，谢谢！我会努力的，在这之前，我先去买块瓷砖，自己刻一块吧。”

各行其是的编舞

脉冲星的脉冲周期很短，隔不了几秒就要重复一遍之前的“蹦迪”动作。其中，最短脉冲周期为 1.56 毫秒；就算是周期最长的，也不过 8.5 秒。不过，脉冲星的周期通常会变，非常缓慢地变长，大约每年增长百万分之一秒到千亿分之一秒。

骆驼只有单峰和双峰两种，脉冲星的脉冲曲线比骆驼还厉害，虽然大多呈单峰或双峰，但有的甚至能达到五个峰。每颗脉冲星的单个脉冲的形状和强度会有变化，但几百个脉冲累加后得到的平均脉冲轮廓，也就是脉冲过程中辐射能量随时间变化的曲线却是稳定的。每颗脉冲星都有各自的“蹦迪方式”，就像每个人都有各自的指纹一样。

绝大多数脉冲星在射电波段发出辐射，就像乐谱一样，其频谱分布一般呈简单的幂律谱，也有呈现为二段幂律谱合成的频谱。频谱指数通常在 1 ~ 3 的范围。有些脉冲星跳着跳着，就忘了下面的动作，此时，它们的脉冲会规则地向前或向后漂移，有时甚至出现脉冲短缺。个别脉冲星对舞蹈事业比较下功夫，可能是因为过于投入，会出现周期突然变化的情况。

已发现的脉冲星绝大多数是银河系内的天体。它们大多分布在银道面两旁，有向银道面聚集的倾向。目前，在银河系的卫星星系——大、小麦哲伦星系也已发现了脉冲星。

“那应该是麦哲伦的心跳吧！”

“……”

“迪厅之光”

现在，人们普遍认为，脉冲星是具有很强磁场且快速自转的中子星，它的表面磁场约为 10^8 ~ 10^{13} 高斯。脉冲周期实际上就是脉冲星的自转周期，脉冲辐射的能量，是靠消耗它的自转能而来的。因此，脉冲星不断地往外辐射能量，自转就会逐渐变慢，导致脉冲周期缓慢变长。

“所以说，迪不能老蹦，太耗费体力，喝枸杞都没用。”

脉冲星不止自己蹦迪，还乐意在别人蹦迪时充当反光球。科学家发现，脉冲辐射具有高度的方向性，就像大海中的灯塔一样。最著名的一颗脉冲星，是距离地球约 6300 光年的蟹状星云的中心星 PSR0531+21，脉冲周期为 0.0331 秒。这颗脉冲星在射电、红外线、可见光、X 射线和伽马射线等波段，都会发出脉冲辐射。

“哇，它简直就是全能蹦迪王子啊！”

20 世纪 60 年代，脉冲星的发现，与类星体、微波背景辐射、星际分子的发现，并称为“天文学上的四大发现”。此外，这一发现还坐拥一项重大成就，即证实了“脉冲星是中子星的一种”。至此，理论上预言的、一种由超密态物质构成的新恒星得以证实。1974 年，诺贝尔物理学奖颁给了休伊什，以奖励他所领导的研究小组发现了脉冲星。1993 年，赫尔斯和泰勒又因发现了脉冲双星，而获得了诺贝尔物理学奖。

“现在，火星叔叔的几个好朋友，正在利用中国天眼 FAST 望远镜寻找脉冲星。他们告诉我，已经发现了一大批候选的脉冲星，其中一些已经被证实……”

“哇，可以冲击诺贝尔奖啦。”

3. 黑洞

“各位，让我们回忆一下科幻大片《星际穿越》中的情景。”

影片中反复出现了黑洞、虫洞等概念，使浩瀚无边的宇宙又增添了几份神秘。影片结尾，男主人公欲返回地球，途中，他选择坠入黑洞，结果在黑洞的奇点附近，被未来人类拉进一个五维时空，掀起了整部片子的又一个高潮。如今，“虫洞”还处于未被验证的理论阶段，但黑洞的存在确实已得到了验证。

你说的黑不是那种黑

黑洞是广义相对论所预言的一种特殊天体，本质上是一个只允许外部物质和辐射进入，而不允许物质和辐射逃离的边界（视界）所规定的时空区域。

“是只准进不准出的意思吗？”

“是监狱吧？”

“不对，是貔貅。”

“嗯……如果有助于记忆的话，大家可以这么理解。”

黑洞是密度超高的天体，引力和潮汐力异常巨大，形成一个封闭的视界——黑洞的边界。黑洞特别“黑”，完全不发射和反射任何电磁波。在视界内，周围的时空也有着不同寻常的结构，使得其发出的光也无法逃逸。所以，仪器和肉眼都无法直接观测到它。

1967 年，美国物理学家约翰·惠勒正式开始使用“黑洞”一词。根据黑洞热力学理论，黑洞具有一定的温度，其值与黑洞的质量成反比。1974 年，霍金证明，如果考虑到黑洞周围空间中的量子涨落，黑洞的确具有与它的温度相对应的热辐射。根据这一推断，在考虑量子效应后，黑洞不再是完全“黑”的，它也

“巨兽”黑洞模拟图

黑洞与伴星（喻京川 作品）

会发射，甚至出现剧烈的爆发。此外，如果把黑洞置于明亮的背景之上，也是可以被“看见”的。

“看来你说的黑是‘灯下黑’。”

“火星叔叔，霍金这么厉害，为什么没有获得诺贝尔奖呢？”

“因为他没等到‘霍金辐射’被证实的那一天，就走了。”

宅星军训记

“黑洞听起来这么恐怖，它是怎么形成的呢？”

“不会是关外星人的地方吧？”

“这位小朋友这样提问，你是电影看多了吧！下面我就来讲讲黑洞的形成过程。”

这还得从超新星爆发讲起。超新星爆发是指某些恒星在演化末期时发生的剧烈过程。在这一过程中，星体在自身重力的作用下迅速收缩、塌陷，就像平日被沙发、电视、游戏机围绕的“宅居族”，在拉练时发出痛苦的嚎叫一样。超新星爆发时，伴随着强烈的辐射，辐射能量来源于重力势能的释放。中国古代就有超新星爆发的记录，通常都是这种画风：“有一天，天上突然冒出了一颗特别亮的星星。”一开始我们还以为是哪位神仙发威了，后来才明白是一颗恒星坍缩了，它在坍缩的时候，会发出很亮的光。

“据宋史记载，至和元年（公元 1054 年）人们看到天空中出现一颗亮星，整整存在了 643 天后就不见了。但它其实并没有消失，现在我们看到的蟹状星云，就是这颗超新星爆发留下的遗迹。”

“哇，中国人好厉害啊！”

当一颗恒星的质量足够大时，它的引力能引起自身坍缩，坍缩后密度变得更大。仿佛一个“白胖子”在军训后就变成了黑黝黝的“肌肉男”。恒星的坍缩是分阶段的，最终，恒星的密度可能超过某个临界值，此时，周围的时空结构连光也逃不出来，它就会成为一个黑洞。黑洞是恒星自身的能量耗尽时演变成的天体，它会吞噬附近区域的一切物质。

“就像军训结束的中午时分，我饿得把所有食物风卷残云地吃掉一般。”

话说回来，恒星的质量不同，结局就不同。在能量耗尽时，质量较大的恒星会变成黑洞，小一点的会变成中子星，再小些的则会变成白矮星。

“太好啦！我们的太阳不会变成黑洞了，它会变成白矮星——又白又胖又美。”

“……”

追捕狼外婆

“大家猜猜，宇宙中有多少黑洞呢？”

“你们再猜猜，前面那片黑暗的区域是黑洞吗？”

“好，现在让火星叔叔来告诉大家。”

在宇宙中，黑的区域不一定是黑洞，那只是很暗而已，当用望远镜持续盯着看，就会看到好多星星。但是，黑洞确实存在，且在宇宙中为数众多，可以用多种方式探测到。每个星系中都有几百万个小黑洞。多数较大星系的中心，都会有一个超大质量的黑洞。人马座 A 位于银河系中心，是个亮且致密的射电源，质量相当于 400 多万个太阳，可能是离我们最近的超大质量黑洞，因此，成为我们研究黑洞的最佳目标。

狼外婆出没的地方肯定有小孩，可有孩子的地方，不一定有狼外婆。黑洞就像一位“星际狼外婆”，它周围的“恒星宝宝”一定要远离它。不然，稍一走神，它们就可能会被“狼外婆”一样的黑洞吸走。

“科学家是如何证实黑洞存在呢？”

我们知道，黑洞自身的光是逃不出来的，所以科学家并不指望能直接观测到它——难道猎人还指望拿高音喇叭喊话狼外婆，让她自觉交出小红帽吗？故而，科学家只能通过它的行为，或比照背景，来判断哪个地方有黑洞。

他们采用的第一种方法是，黑洞可能和另一颗恒星组成双星系统。

“事出反常必有妖。”

如果一颗恒星的行为“鬼鬼祟祟”，科学家就能判断出旁边有质量极大的引力中心，也就是黑洞。

第二种方法是黑洞的引力透镜效应。远道而来的星光，在经过黑洞附近时，可能会产生透镜效应，让地球人看到黑洞背后的恒星。如果观测到这一效应，就能判断出是否有黑洞。这两种方法都属于间接观测。

“派大星，我们不抓水母，来抓星际狼外婆吧！”

目前，人类在银河系已发现了近 20 个恒星级黑洞，离我们最近的黑洞在 1600 光年之外。银河系中预计共有 1000 万个黑洞。中国科学家也在利用大型望远镜寻找更多的黑洞。

黑洞并不是万能吸尘器。只有在黑洞视界内的物质，才会乖乖落入黑洞中心无法逃脱。只要保持一定的距离，那黑洞跟其他具有相同质量的物体并没有什么不同。比如，把太阳换成同样质量的黑洞，太阳系内的行星、卫星、小行星等的轨道，不会发生任何变化——当然，万物生长可别想了。

“好黑啊！我怕……”

“你是你自己”的证据

“嘭！”

“谁扔的东西啊！砸到我了，好痛！”

你无论往天上扔什么东西，最终它都会落回地面，这是地球引力导致的。1783 年，有个叫约翰·米舍尔的人，根据这个现象提出了这样一个问题：会不会有那么一颗恒星，它的密度太大，以至于它产生的巨大引力会让任何东西……哪怕是光也逃不出去？如果光也逃不出去，外面自然就看不见。这就是科学家对黑洞最早的假设。

“这位科学家的脑洞好大。”

“你是不是在感慨，科学家怎么这么爱‘瞎想’！”

1798 年，拉普拉斯根据引力理论，预言存在一种类似黑洞的天体。他推导认为，宇宙中必然有一些直径比太阳大 250 倍以上，密度却与地球相当的恒星，由于它们的引力足以捕获它发出的所有光线，最终使它成为一片黑暗。遗憾的是，当时的人们并不清楚光和恒星之间，是怎样进行引力作用的，因为他们认为光子是没有质量的。既然没有质量，又怎么吸引它呢？于是，拉普拉斯的理论并没有被严肃对待，也没有成为科学研究的主题。

1915 年，爱因斯坦提出了广义相对论，其中就有这样一个观点：实际上，一个星球的引力，决定了它周围时空的结构。比方说，有个质量非常大的星球，它周围的时空很可能是扭曲的。这里，我们还要引出一个重要概念，就是“什么叫直”。从物理学上，最短的线就是“直”的，而光在时空中始终只走最短的路线。因此，爱因斯坦提出了一个大胆的想法：如果某个星球的引力特别强，光从它旁边经过时，其运动路线变成弯曲的，但同时这又是最短路径。当然，所谓的“弯”，只是在我们看来罢了。对于光来说，它可能觉着自己走的路线，比传说中的钢铁直男还要直。

到了 1919 年，在进行日食观测后，英国人证明了爱因斯坦的说法是对的。他们观测到，远方一颗恒星的光，在经过太阳附近时，确实变得弯曲了。

自然界就像一台巨大的机器，各种部件都有特定的运动规律。科学研究的目的，就是理解自然界的各种规律。研究黑洞的目的之一，是理解量子力学和引力理论的关系，以及它在宇宙演化中的作用。但严格来说，黑洞还未被真正“观测”到，它身上还有许多谜团，有待人们进一步揭示。

因此，我们也就不可能安排在黑洞中进行时空穿越的项目了。一旦科学家对黑洞的了解有所突破，那么黑洞之旅离我们也就不远啦。

“火星叔叔，人进入黑洞会怎么样？”

“进入黑洞后，你头部受到的引力，与脚受到的引力不一样，人会被拉成像面条一样。”

“还好啊！我就喜欢吃兰州拉面。”

4. 至暗时刻

沉默的大多数

“耳听为虚，眼见为实。”

可如今，眼见也不一定为实了。在这个世界上，有很多神秘的东西是你的眼睛看不到的，比如宇宙中神秘的暗物质。

既然是暗物质，大家也就没法看见，只能听我的干聊了。

对于这位神秘的“老朋友”，很多人最直观的认识却来自并不神秘的科幻作品。比如，在电影《变形金刚》中，机器人“禁闭”所驾驶的飞船，就是由暗物质驱动进行星际航行的。斩获世界科幻文学最高奖“雨果奖”的小说《三体》里，暗物质是太阳系遭受高级外星文明攻击后的隐形残骸；热门美剧《生活大爆炸》里的男主角“谢耳朵”，也赶时髦地“转行”研究暗物质……

事实上，用“沉默的大多数”来形容暗物质一点都不为过。如果我们把宇宙想象成一个圆球，那么占圆球最大部分的是暗能量，占 73%，这是一种能使宇宙加速膨胀的神秘力量。暗物质占圆球的 23%，这种神秘的物质在宇宙中广泛存在，它不参与任何电磁作用，不会发出电磁波，只会产生引力作用，是一个特立独行的神秘组织。

在宇宙中占比最多的东西，反而是人类最难了解的，这无疑让天文学家的脑海中笼罩了厚重的“乌云”。而“沉默的大多数”，就像让宇宙披上了一件神秘的隐身衣，让科学家无从下手。

我们之所以能看见那些不神秘的物质，是因为它们带有不神秘的电荷，这些电荷能“发光”，与不神秘的电磁场相互作用，从而让我们能感觉到它们的存在。相反，神秘的暗物质不带电荷，也就不会与电磁场发生相互作用。所以，它们能像幽灵一样穿透阻碍物，不着痕迹地从你我身边飞走。

“悟空号”的首席科学家、紫金山天文台的常进老师告诉火星叔叔，每秒大约有上亿个暗物质粒子穿透我们的身体，运动速度为 220 千米 / 秒，是 56 式半自动步枪子弹出膛速度的 300 倍！由于它们太神秘，人体的感知系统无法感受它们的存在，然而，“理性大于感性”的科学家，却无法“跟着感觉走”而忽视其存在。为了拨开这朵“笼罩在 21 世纪物理学上空的乌云”，从 20 世纪 30 年代至今，世界各国的科学家从未停止对暗物质的探索。

“既然肉眼看不见暗物质，望远镜也观测不到它，又凭什么说它真的存在？它完全可能和龙似的，压根就不存在？”

“你当我们的科学家只会耍耍嘴皮子吗？哼，年轻人，你还是要多读科普书啊！事实上，目前已经有大量事实，都能证实暗物质真的存在。”

最早提出证据并推断暗物质存在的，是荷兰科学家扬·奥尔特。1932 年，他根据银河系恒星的运动提出，银河系的质量比我们认为的应该更大。1933 年，美国加州理工学院的瑞士天文学家弗里茨·兹威基，使用维里定理推断银河系内部有看不见的物质……这些支持暗物质假说主要的观测证据之一，是银河系的旋转曲线。科学家在研究漩涡星系时发现，导致星系旋转的引力，所需要的质量远远超出我们所能观测到的物质总量。如果只有观测到的物质在起引力作用，星星早就像脱缰野马般飞向茫茫宇宙了。正因如此，科学家作出进一步推断：在人类已知的物质之外，还有另一种物质存在。

同样，“引力透镜”的发现，也支持了暗物质学说。与光线穿过玻璃透镜时会偏转一样，宇宙射线在通过大质量天体时，也会发生偏转。科学家在研究子弹头星系团时发现，导致光线发生偏转的主要区域，并没有看得见的物质存在。这说明，有种我们看不到的暗物质在“暗中作用”。此外，对暗物质的假设还立足于对宇宙微波背景，以及 Ia 型超新星的观测等。

不过，如此多的证据，也没有说服所有人。比如，既然人类很渺小，那是不是人类自己的知识体系出了问题，反而让宇宙“背黑锅”？的确，还有很少一部分物理学家相信，是引力理论的不完善，导致了上面这些怪现象。他们认为，宇宙中不存在暗物质，可以通过修改引力理论来解释这些怪现象。

“这位朋友点头了，您也同意他们的看法吗？看来您挺有辩证精神的，我看好你哟！”

众里寻它千百度

有位物理学家曾把暗物质比作宇宙中的“雾霾”，地球则是在“雾霾”中行驶的汽车，“雾霾”中的颗粒撞击汽车时会发出“响声”，而暗物质探测器的任务，就是把这种“响声”记录下来。而暗物质探测的主要困难，是宇宙射线和地球上无处不在的放射性。因此，要尽最大可能，排除这些射线对暗物质探测的干扰。用那位物理学家的话说，就是“去掉汽车和周边环境发出的各种声音”。

“暗物质发出的‘声音’有多小？”

“就好像在一场交响音乐会上，让你听清楚音乐家身边一只蚊子的‘嗡嗡’声。”

大家可能要问，面对这些擅长隐身的暗物质，科学家该用什么办法探测它们呢？

第一种方法是主动创造这些暗物质粒子，这需要用粒子加速器让两束能量很高、速度接近光速的粒子对撞，观察粒子碰撞后产生的现象。

第二种方法是守株待兔。尽管暗物质粒子是隐身的，也并不意味着它们可以百无禁忌地横冲直撞，也有可能像慌不择路的兔子似的，一头撞上原子核这个“树桩”。被暗物质粒子撞上的原子核，轻则发光、发热，重则偏离原来的位置，而“光”“热”和“位移”，都是可以探测到的。不过，这个方法的问题在于，原子核实在太小，暗物质粒子撞上去的概率又低到可以忽略不计。所以，科学家只能采用这样一个笨办法：准备好一大片“森林”，也就是大量的原子核，好让“兔子”有足够大的概率撞上。

当然啦，还有第三种办法，那就是等这些隐身的粒子自己现身。有些理论预测，当两个暗物质粒子相遇时，它们会相互毁灭，变成能量，产生高能的伽马射线或一对正反粒子。这就像是两个隐身人在相遇的一瞬间，隐身斗篷都被撞掉了，结果他们不仅变成两个普通人，甚至还被周围的人发现没穿衣服。不论是伽马射线，还是普通的反物质粒子，都躲不过科学家的“火眼金睛”。

“那科学家不就成了孙悟空吗？”

“……呃，说到孙悟空，那我就来给大家讲讲中国航天的‘孙悟空’吧。”

阿尔法磁谱仪

悟空行动

为捕捉这种神秘的物质，2015 年 12 月 17 日，中国发射了“悟空号”暗物质粒子探测卫星，希望借助“悟空”的火眼金睛，去太空中寻找这些看不见、摸不着的神秘小妖精。作为中国科学院空间科学卫星系列的首颗卫星，以《西游记》中美猴王的名字命名的“悟空号”，身材比一般的卫星小巧得多，长、宽各只有 1.5 米、高也只有 1.2 米，像一块银白色的方形蛋糕。别看它小巧玲珑，它的“火眼金睛”，竟然可以在茫茫太空中搜寻暗物质的踪影。

“神通广大的‘悟空’，又是怎样寻找暗物质的身影呢？”

“悟空”面朝太空，开展“捉妖”任务，接受来自宇宙各处的高能电子及高能伽马射线，探寻暗物质存在的证据，研究暗物质的特性与空间分布规律。由于暗物质可能存在于任何区域，所以，“悟空”在工作的前两年，会对全天进行扫描，探测暗物质存在的方位。两年后，根据探测结果，对最有可能出现暗物质的区域开展定向观测。也许，我们离揭开暗物质的神秘面纱已经不远啦。

“悟空”并没有带上他的标志性兵器“金箍棒”，而是带了 300 多根“水晶棒”。这些漂亮的“水晶棒”是一群“娇气包”，能够测量射入粒子的能量，并因粒子碰到自己而像莲蓬头一样哇哇大哭。这种独特的哭泣姿势叫作“簇射”，根据簇射的形状不同，区分不同的粒子。

宇宙微波背景

“悟空”的本领可远不止这些，它还会“七十二变”呢！这次飞入太空，它就变成了一只有“复眼”的昆虫。除了上面所说的“火眼金睛”外，它还带了四只“眼睛”，分别是塑闪阵列探测器、硅阵列探测器、BGO能量器和中子探测器。它们组合起来使用，不仅能测量高能粒子的能量、方向和电荷，鉴别粒子的种类，还能为寻找暗物质提供更多信息。正因本领如此高强，“悟空”成为目前世界上观测能量范围最宽、分辨率最高的暗物质粒子探测卫星，超过了所有同类探测器。它的观测范围是国际空间站“阿尔法磁谱仪”的10倍，分辨率也比国际同类探测器高3倍以上呢。

“厉害了，我的国。”

一旦揭开暗物质的神秘面纱，将会给物理学带来革命性的突破。就像是打开了一扇新的窗户，阳光会照进这个窗户中。有了光亮，我们就能够看到很多新奇的现象，发现很多未知的事物。而通过探索“不可见宇宙”，理解它们是如何影响银河系和宇宙的过去、现在和未来的，人类终将了解宇宙的起源。

宇宙负能量

“本次旅行，路程遥远，困难重重，各位想家时难免唠叨几句，这时你的身上会散发出人们常说的负能量。”

当然，负能量无处不在，人人都有。但你也许还不知道，不光是我们人类，整个宇宙中也有一种与之相似的能量——“暗能量”。没准，我们身上的负能量是受它的影响才有的呢！

暗能量是导致现阶段宇宙加速膨胀的，具有负压的能量，是21世纪初天文学研究的重要里程碑之一。

对遥远的超新星所进行的观测表明，宇宙不仅在膨胀，而且在加速膨胀。这是支持暗能量存在的主要证据之一。另一个证据来自对宇宙微波背景的研究。但迄今所知道的普通物质与暗物质，加起来只占宇宙总物质的1/4左右，仍有约3/4的物质不知所踪，称为暗能量，在宇宙中几乎均匀分布或完全不结团。正是这种未知的负压物质（通常的辐射、普通物质和冷暗物质，压强都是非负的），主导着今天的宇宙。

暗能量的本质尚不清楚。如果谁能科学地解释暗能量，将是一场重要的物理革命。

“让我找找看。”

“这位小朋友有这样的志向，真是好样的！”

5. 宇宙的边疆

从无穷小到无穷大

1990年的情人节，正在深空飞行的“旅行者号”接到了一个紧急指令，发出指令的是著名的行星科学家、科普作家卡尔·萨根，他请求美国宇航局，让“旅行者号”调转镜头回望太阳系，给太阳系拍一张“全家福”。这个提议遭到了很多科学家的反对，他们认为这样做并没有什么意义，因为拍摄距离太过遥远，我们并不能从照片中看到诸多细节。但卡尔·萨根一再坚持，最终说服美国宇航局拍摄了这张太阳系“全家福”。照片中，木星、土星、天王星、海王星、地球、金星，都只是阳光下暗淡的小圆点而已。

“大家能看到这是什么吗？我们拉近一点，再拉近一点，这就是我们的地球。”

你可能不相信，这颗悬浮在阳光中的尘埃，就是我们人类安身立命的场所。地球，我们所有的依存，不过是个暗淡的蓝点。这张颇具哲学意味的照片，让人类现出了原型——原来我们是如此渺小。

诚然，银河系已经无比庞大，包括数千亿颗恒星，但它也只是更大星系结构的一部分。银河系与其他50个星系一道组成的本星系群，是更大的星系团——室女座超星系团的组成部分之一。在室女座超星系团中，至少有100个星系群与星系团，拥有约1300个（也可能高达2000个）星系。

在庞大的宇宙面前，我们真的是非常非常渺小。更让人震撼的是，我们可观测的宇宙，只占整个宇宙的4%，还有96%左右的物质，是我们看不到的。这部分物质，称为“暗物质”“暗能量”——我们看不到它们，但知道它们确实存在。

倘若从时间上看，人生在世，如白驹过隙。宇宙诞生至今已过去了138亿年，地球已经存在了46亿年。从地球最初的生命诞生时算起，已过去了30亿

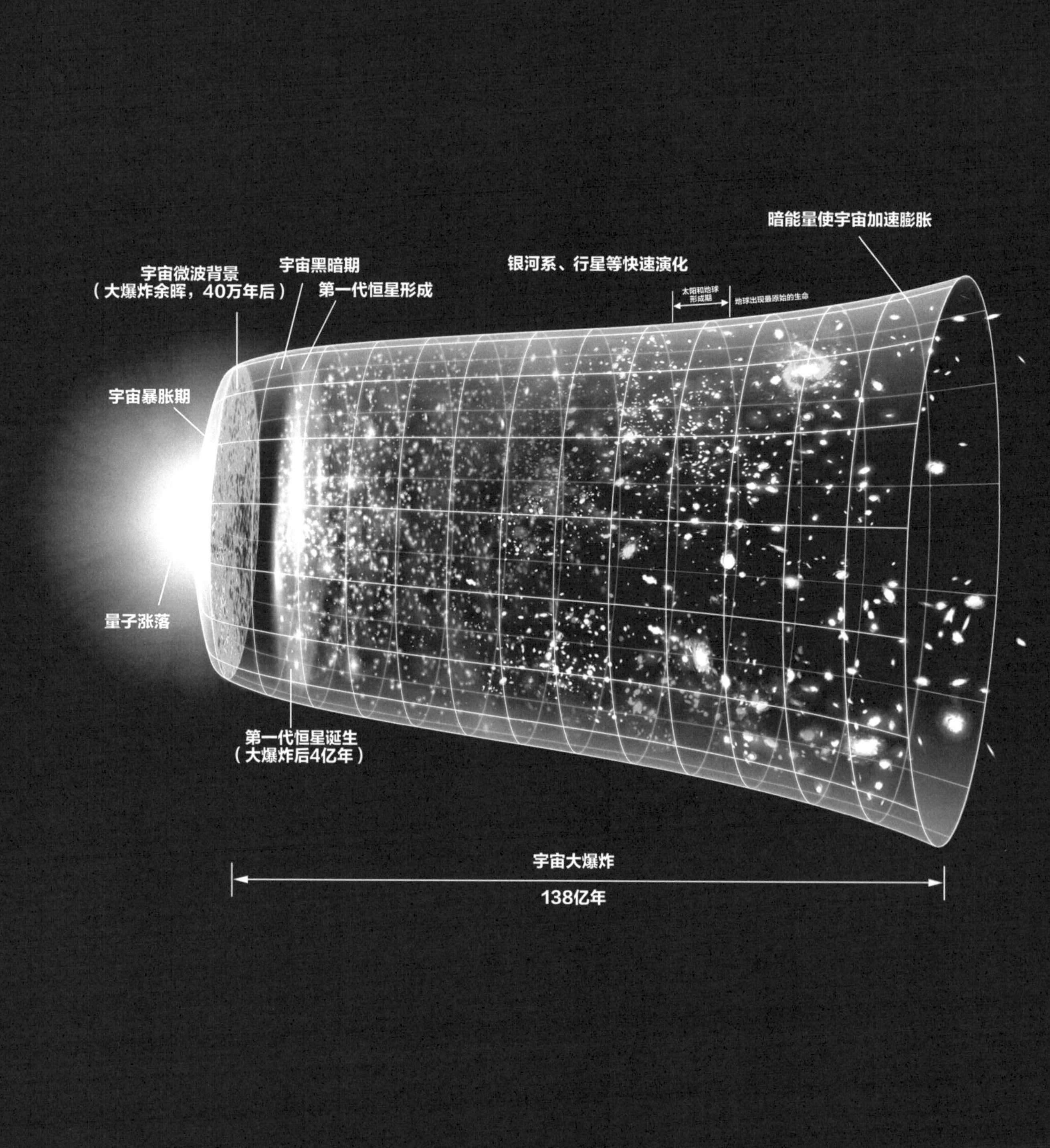
暗能量使宇宙加速膨胀
宇宙微波背景
（大爆炸余晖，40万年后）
宇宙黑暗期
第一代恒星形成
银河系、行星等快速演化
太阳和地球
形成期
地球出现最原始的生命
宇宙暴胀期
量子涨落
第一代恒星诞生
（大爆炸后4亿年）
宇宙大爆炸
138亿年

宇宙大爆炸

年，人类仅仅是在地球历史的最后一刻产生的。如果把地球的历史，比作一天的 24 小时，那人类是在 23 点 59 分 59 秒，才呱呱坠地。

无论是时间还是空间，面对无边无际、无穷无终的宇宙，即便穷其一生，我们也无法探究其中的全部奥妙。在宇宙面前，我们每个人都微不足道。因此，我们应该保持一颗谦卑的心。

极简宇宙史

根据被广泛接受的宇宙大爆炸理论，我们观测到的全部星系，都起源于138亿年前的一次大爆炸。当然，这只是理论，并非事实。

138 亿年前，如今的宇宙被浓缩成一个炙热而密集的奇点。几乎是在一瞬间（约十亿分之一的十亿分之一秒内），这个点经历了一次暴胀。从比原子还要小的亚原子，暴胀到高尔夫球大小。

大爆炸后约百万分之一秒（10^{-6} 秒），宇宙以较低的速率持续膨胀。物质开始形成，宇宙比以前更加冷寂和稀疏。

大爆炸后 1 秒，宇宙里充满了夸克、电子、光子以及中微子。这些粒子相互碰撞，质子和中子开始形成。

宇宙形成后 200 秒内，质子和中子开始聚合在一起，形成氢和氦等最简单的元素。

约 30 万年后，宇宙冷却到 1000 摄氏度，电子与原子核配对，形成了第一个稳定的原子。随着原子的形成，宇宙最终变得透明。

原子形成后，由于恒星等明亮的天体还没有诞生，宇宙进入了黑暗时代，这段时间持续了几亿年。

大爆炸后 2 亿年左右，宇宙逐渐走出黑暗时代。一些小而密集的气体团，开始在自身引力下坍塌，形成第一代恒星和星系。整个宇宙开始被点亮。

约 46 亿年前，也就是宇宙大爆炸后的 90 亿年左右，由于银河系附近的恒星爆炸，银河系里的气团受到冲击，在引力作用下坍塌。星云逐渐累积，惯性和引力将其压扁，形成一个巨大的旋转盘——银河系。太阳、行星、行星的卫星、小行星等天体由此诞生。

约 38 亿年前，也就是宇宙大爆炸后 100 亿年左右，地球从炽热的岩浆球状态中冷却下来，原始的微生物细胞在恶劣环境中萌芽。从一个共同的祖先诞生开始，地球上的生命开始进化，并向各个方向扩展自己的分支。

大约 5 亿年前，地质学上的寒武纪到来，绝大多数无脊椎动物门在几百万年内一起出现，称为寒武纪生命大爆发。

“各位有机会的话，可以到云南澄江去看看，那里有一片保存完整的寒武纪早期古生物化石群。”

“我去过，16 个门类，200 多个物种，就像是一夜之间，突然出现在这个星球上，太震撼了。”

6500 万年前，恐龙灭绝。

400 万年前，人类最远古的祖先——南方古猿出现。

200 万年前，南方古猿进化成了能人，脑容量为 700 ~ 800 毫升，已有使用简单工具的能力。

100 万年前，能人进化成直立人，脑容量增加至 1000 毫升，会使用精细的工具，也学会了用火。人类终于告别了茹毛饮血的时代，体质和大脑开始快速进化。

12 万年前，直立人进化成现代人，活跃于如今的埃塞俄比亚高原，脑容量增加到 1300 毫升。基因研究证实，现代人类均起源于东非。

“哦，原来我们曾经都是黑人。”

8000 年前，随着文字的出现，人类进入了文明时代。

五个多世纪前的 1609 年，人类发明了望远镜，宇宙向我们打开了天窗。

1908年，莱特兄弟发明了飞机，人类开始飞上蓝天。

1961 年，加加林乘坐“东方 1 号”飞船进入太空，这是人类第一次飞出地球。

1969 年，阿姆斯特朗登陆月球，这是人类第一次登陆另一个星球。

21 世纪，人类将重返月球，登陆火星，开始星际移民。

在所有动物中，黑猩猩是与人类祖先最接近的物种，但它们能理解地球是个球吗？它们能理解地球绕着太阳转吗？它们能知道地球上为什么会有白天和黑夜吗？

与黑猩猩相比，我们已经相当聪明。如今，人类已经进化到了相当高度，我们有能力飞出地球，去探寻宇宙和生命的起源等终极问题。

我们已经有足够的智慧来思考，宇宙中的一切是怎样形成的。

尾声

“轰隆隆……”

“怎么了？怎么了？火星叔叔在哪儿？我好害怕……”

飞船剧烈摇晃起来，孩子们从睡梦中惊醒，开始大哭大叫起来。前排的大婶用惊恐的眼神盯着驾驶舱，视线一侧，火星叔叔缓缓走了出来，面带轻松的笑容。

“大家干吗要用这种眼神看着我啊？我刚想告诉大家一个好消息，看你们这样，那还是算了吧。”

一听到“好消息”三个字，后排的小女孩破涕为笑，奶声奶气地说道：“火星叔叔，是什么好消息啊？”

“卖什么关子啊？快说吧，说完我接着睡了，困着呢。”前排的大叔似乎有点不耐烦。

“等一下，再等一下……”

火星叔叔喃喃低语。大家你看看我，我看看你，眼神写满困惑。可时间不等人，飞船摇晃得愈加剧烈，船壁变得滚烫，仿佛冒出了缕缕青烟。

“火星叔叔，难道要坠毁了吗？我们大家都会成为灰烬吗？”

一个男孩惊恐地说，妈妈轻轻地环抱住他，可表情比他还要紧张。

“十、九……”

“火星叔叔，赶紧想想办法啊！都这时候了，倒计时是什么意思啊？”

“八、七、六、五……”

大婶闭上了眼睛，中间的情侣轻轻一吻，双手紧握在一起。

“四、三、二……”

“再见了，妈妈……”小姑娘泪眼婆娑地看着妈妈，妈妈盯着爸爸的照片，许久不曾移开视线。

“一！”

激烈的撞击声响起，接着是机械运转的摩擦声，以及火花飞溅的尖锐声响。紧闭的窗户外，似乎能听到风的低吼。

“我们……还活着？”

……

几分钟后，一切归于平静。飞船似乎在某处停了下来，舱内的空气似乎比之前清新了些。外面满是喧嚣，各种声音纠缠在一起，找不到声音的源头在哪里。

“火星叔叔，我们该不会是降落在哪个不知名的星球上了吧……”一位中学生冷静地说道。可他的身边，爸爸早已吓得浑身颤抖。

“各位，是时候欢呼啦！”

火星叔叔大叫一声，舱门旋即打开。璀璨的阳光涌入舱内，久违的温暖拥抱着每一个人。

“我们到家了。我宣布，本次太空旅行到此结束，旅行团就地解散，团长——我就地免职，大家可以继续享受生活啦！”

说完，火星叔叔抬起头，迎向了手捧鲜花的妻子和儿子，以及从江南水乡老家赶来的亲人，欢声笑语轻抚着他的全身。天空中那抹炫目的橙，似乎比以往更温暖。

旅程（喻京川 作品）

太阳系之最

最大的星球：

太阳。太阳是太阳系唯一的主宰，占整个太阳系质量的 99.86%。它的引力让太阳系内的所有星球直接或间接地绕它运转。太阳的体积相当于 130 万个地球。

最大的行星：

木星。木星是行星之王，它的体积相当于地球的 1300 多倍。木星的质量为太阳的千分之一，是太阳系中其他七大行星质量总和的 2.5 倍。

最小的行星：

水星。作为最接近太阳的行星，水星是八大行星中体积最小的，仅相当于地球体积的 0.38 倍，月球体积的 3 倍，比太阳系最大的天然卫星木卫三还小。

与地球大小最接近的星球：

金星。它的直径约为地球的 95%，质量约为地球的 82%。

你的体重最重的行星：

木星。一个体重 100 千克的人，在木星上重 254 千克。

你的体重最轻的行星：

水星。一个体重 100 千克的人，在水星上仅重 18.9 千克。

离地球最近的行星：

金星。它离地球最近时约 3800 万千米。

离太阳最远的行星：

海王星。海王星到太阳的平均距离约为 45 亿千米，是地球到太阳距离的 30 倍。由于冥王星绕太阳运行的轨道是扁平的椭圆，在每 248 个地球年中，有 20 年时间，海王星比冥王星还要远离太阳。

一年时间最长的行星：

海王星。海王星上的一年相当于地球上的 164.8 年。

一年时间最短的行星：

水星。水星上的一年仅相当于地球上的 88 天。

一天最长的行星：

金星。金星上的一天相当于地球上的 243 天。而金星的一年相当于地球上的 224.7 天，所以在金星上，一天比一年还长。

一天最短的行星：

木星。木星上的一天只有 9.8 小时。当你从地球观察木星时，可以看到它的一些特征变化，那是它正在快速自转。别看它是个大胖子，但扭起来可是快得很。

密度最大的行星：

地球。地球的平均密度约为 5.52 克 / 立方厘米，是太阳系中密度最大的行星，也是体积和质量最大的岩石星球。

密度最小的行星：

土星。土星的平均密度约为 0.7 克 / 立方厘米，比水还要轻。如果你能找到一个放得下土星的大海，就会发现它竟然能漂在水上。

体积最大的天然卫星：

木卫三。木卫三是太阳系中唯一拥有磁层的天然卫星，它的直径为 5262 千米，约为地球直径的三分之一。其体积比水星还要大。

卫星最多的行星：

木星。木星拥有 79 颗天然卫星，木星及其卫星组成的木星系统被称为“小太阳系”。

拥有大气层的卫星：

土卫六和海卫一。

最大的风暴：

木星上的“大红斑”是个风暴眼，是太阳系中最大的风暴气旋。它的东西跨度长达 28000 千米，南北跨度为 14000 千米，可以装下两个地球。迄今为止，这场巨大的风暴已经持续了数百年。

最快的风速：

出现在海王星的表面，达 2400 千米 / 小时。相比而言，地球上 16 级以上的超强台风，风速约为 184 千米 / 小时。

最大的火山：

奥林匹斯山。它位于火星，是太阳系中最大的火山（现在已变为死火山）。它高 21 千米，底部直径为 520 千米。据推测，在 2000 万 ~ 2 亿年前，这座火山曾经爆发过。

最大的撞击坑：

瓦尔哈拉撞击坑。它位于木卫四，半径约 3000 千米。中央有直径约为 360 千米的明亮区域，是撞击后反弹形成的。

最热的行星：

金星。金星上高温、高压，温度高达 480 摄氏度。

最冷的行星：

海王星。海王星上的温度低至零下 235.65 摄氏度。

最光滑的天体：

木卫二。

偏心率最大的天体（不包括彗星）：

海卫二。

最倾斜的自转轴：

天王星的自转轴。它与太阳系黄道面垂线的夹角为 97.9 度，从地球上看去，海王星就像躺在黄道面上打滚。

最扁的行星：

土星。土星的赤道直径和两极直径相差约为 10%。

悦读名品
make magic media